CULTURE DU CAFÉ

DANS LA

RÉGION CENTRALE DE MADAGASCAR

IMPRIMERIE LEMALE ET Cie, HAVRE

BIBLIOTHÈQUE D'AGRICULTURE COLONIALE

TRAITÉ PRATIQUE

DE LA

CULTURE DU CAFÉ

DANS LA

RÉGION CENTRALE DE MADAGASCAR

PAR

A. RIGAUD

EX-INGÉNIEUR PRÈS LA RÉSIDENCE GÉNÉRALE DE MADAGASCAR
ANCIEN SOUS-DIRECTEUR DE LA STATION AGRONOMIQUE DU CENTRE

PARIS

AUGUSTIN CHALLAMEL, ÉDITEUR

17, RUE JACOB

LIBRAIRIE MARITIME ET COLONIALE

1896

AVANT-PROPOS

Après un séjour de neuf années à Madagascar, pendant lesquelles nous avons fait de nombreux voyages, et après six années de culture, nous livrons à la publicité le fruit de nos observations et de nos travaux pour ceux qui désireraient créer une plantation de café dans ce pays.

Cette étude se rapporte uniquement au plateau central, où se trouve notre exploitation agricole ; les conditions de sol et de climat changent et se modifient dans la région moyenne et sur le littoral, et ce qui est applicable à une zone ne l'est pas à l'autre.

Bien des ouvrages ont été publiés sur la grande île ; des opinions divergentes ont été émises sur les richesses naturelles du sol ; nous croyons qu'une pratique culturale d'une certaine durée peut seule résoudre cette importante question. Les meilleurs raisonnements ne valent jamais des essais, surtout dans les pays coloniaux où l'on ne possède pas encore de données suffisantes pour apprécier la qualité d'une terre par une simple observation des yeux.

Ceux qui ont voyagé à Madagascar, ou qui ont lu les livres décrivant le pays, savent que les plantes des régions tropicales et même, à certaines altitudes, celles des pays tempérés y réussissent fort bien. Il faudra donc, lorsque nous aurons établi définitivement notre autorité et notre influence, et qu'une bonne administration nous aura donné la sécurité pour nos personnes et nos capitaux, mettre en valeur tout ce vaste territoire.

Les mines d'or attireront bien des colons, quelques-uns y récolteront de beaux bénéfices, mais nous croyons que l'agriculture surtout les enrichira.

Jusqu'à ce jour, le gouvernement hova n'avait concédé de terres à personne. Plus favorisé que nos compatriotes, nous avons pu, — sans toutefois avoir le droit de choisir, car nous aurions trouvé des terrains plus propices à la production du café, — louer emphytéotiquement en 1890, à quinze kilomètres de Tananarive, une terre de 335 hectares que nous avons mise en culture et sur laquelle nous avons fait de nombreux essais.

La production du café est devenue la base de notre exploitation, mais nous avons cultivé à titre d'expérience le thé, le cacao, la vigne, la canne à sucre, le manioc et plusieurs produits indigènes, sur des superficies variant d'un hectare, pour la vigne et la canne à sucre, à douze hectares pour le manioc.

Nous avons aussi tenté la culture des céréales et des légumineuses, ainsi que celle des racines alimentaires et de certaines plantes oléifères des pays tempérés. Un grand nombre de ces expériences ont réussi.

Nous nous proposons dans un prochain travail, qui est en préparation, de publier les résultats que nous avons obtenus. Nous nous occuperons également des produits maraîchers qui viennent très bien sur le plateau central, à la condition d'employer, pour quelques-uns d'entre eux, les semences d'Europe, car il est difficile de les reproduire dans ce pays où elles dégénèrent.

Au début de notre exploitation, nous avions adopté les moyens de culture du Brésil ; mais, dans la région centrale, où nous avons planté dans un pays dénudé, dans des terrains peu riches en humus et en acide phosphorique, et non sur l'emplacement d'une forêt nouvellement défrichée, ces méthodes ont donné de mauvais résultats. Ce n'est qu'après bien des tâtonnements et en nous appuyant sur les principes d'une culture rationnelle, que nous sommes arrivés à être certains de la réussite de la levée des graines en pépinière, de la reprise des plants dans les transplantations, de leur développement normal après avoir été mis en place et de leur fructification pendant quatre années au moins, puisqu'à ce jour les premiers caféiers plantés sont à la quatrième année de rapport.

En traitant de la production du café, nous avons jugé bon d'entrer dans quelques détails de culture générale, notamment sur le climat, le sol et les engrais.

Nous n'avons pas cherché à écrire un livre de théorie

pure, mais un livre pratique pour le nouveau colon qui n'est pas agriculteur, ou pour celui qui n'a pas encore essayé la culture coloniale.

Nos analyses ont été faites surtout au point de vue de la composition des terres, de l'alimentation de la plante, et des engrais qui doivent être restitués au sol après les récoltes, car nos essais nous ont montré que, dans la région centrale, les terres, sans être stériles, n'ont pas une richesse native assez grande pour tenter la production du café sans engrais, ou en ne restituant que les cendres des pulpes et des parches (1), comme cela se pratique au Brésil. Il faut donc faire une culture rationnelle et raisonnée. Dans la région moyenne, et notamment vers la vallée du Mangoro, on trouve des terres beaucoup plus riches que dans la région centrale et plus propres à la culture du café ; mais nous ne croyons pas qu'on puisse se passer de fumure à Madagascar, à moins de planter sur un emplacement de forêt défrichée ou dans une vallée. Nous recommandons toutefois à ceux qui s'installeront dans la région moyenne de se rendre un compte bien exact de la richesse du sol des forêts ou des vallées qu'ils auront choisi, car, ainsi que nous le disons plus loin, la fertilité du sol d'une vallée ou d'une forêt peut ne pas être d'une longue durée.

D'un autre côté, si la région moyenne offre de grands avantages au point de vue du climat et du sol,

---

(1) La pulpe est la partie charnue et sucrée dans laquelle sont enfermés les deux grains de café. La parche est la pellicule qui recouvre chaque grain, et qui le sépare de la pulpe.

elle a aussi ses inconvénients : elle est moins salubre que la région centrale et il y pleut souvent au moment de la récolte. De plus, elle n'a pas de main-d'œuvre et le colon n'y aura pas la même sécurité que dans l'Emyrne ou le Betsiléo; cet état de choses peut se prolonger pendant plusieurs années.

Cette étude est évidemment incomplète : ce sont les premiers jalons posés que d'autres compléteront tous les jours et que nous augmenterons au fur et à mesure de nos nouvelles expériences.

Nous espérons que ceux qui voudront tenter la culture à Madagascar réserveront un accueil favorable à ce modeste ouvrage et qu'il pourra leur être de quelque utilité en leur évitant les tâtonnements du début, si onéreux et souvent si funestes dans les pays nouveaux.

Nous laissons à chacun le soin d'apprécier ce qui lui sera le plus profitable, suivant les circonstances et les lieux.

Nous ne croyons pas que la grande île africaine soit une terre à café comme le Brésil, où le sol est assez riche pour ne pas nécessiter l'emploi des engrais; mais nous avons l'espoir qu'avec des fumures raisonnées, et grâce à une main-d'œuvre abondante et peu coûteuse qu'on ne trouve pas au Brésil, on pourra cultiver le café d'une façon rémunératrice.

CULTURE DU CAFÉIER

PARTIE HISTORIQUE

La découverte du café remonte-t-elle aux anges, comme le dit la légende? à un supérieur de couvent, qui voulait tenir ses moines éveillés pendant un service de nuit, ou à un berger qui avait remarqué que ses chèvres étaient plus agitées lorsqu'elles avaient brouté les baies de cette plante? On l'ignore : ce qu'il y a de certain, c'est que le caféier fut cultivé dans l'Yemen au XVe siècle.

Il croit à l'état sauvage en Abyssinie et sur plusieurs autres points de l'Afrique.

Au commencement du XVIIIe siècle l'Amérique et les colonies françaises commencèrent à en planter : il fut alors importé à l'île Bourbon.

Il y a une cinquantaine d'années, un Français nommé Laborde (1) l'acclimata dans l'Emyrne ; il s'y répandit bientôt dans une partie de l'île, et aujourd'hui on trouve des caféiers en rapport dans de nombreux villages du plateau central et de la région moyenne, qui ne sont pas situés à plus de 1,500 mètres d'altitude.

(1) M. Laborde était le conseiller et l'ami de la reine Ranavalo première; il a fait d'immenses travaux à Madagascar et il a été pendant quelques années consul général de France, auprès du gouvernement hova.

ÉTUDE BOTANIQUE

Le caféier est un arbrisseau toujours vert, de la famille des Rubiacées, tribu des Ixorées, classé dans le système de Linné dans la pentandrie monogynée. C'est un arbuste très ornemental, à forme pyramidale, qui peut atteindre jusqu'à huit mètres de hauteur, et vingt-cinq centimètres de diamètre à la base du tronc.

Sa principale racine est pivotante ; elle lui sert de support et lui donne de la stabilité. Autour de cet axe prennent naissance une foule de racines latérales qui s'irradient en tous sens et de petites radicelles qui vont puiser la nourriture de l'arbre et s'étendent près de la surface du sol.

Les branches sont doubles et opposées deux à deux.

Les feuilles, également opposées et persistantes, sont ovales, lancéolées, pointues et ondulées sur les bords, d'un vert foncé et luisant, et quelquefois pédonculées.

Les fleurs, qui naissent par paquets aux aisselles des feuilles sur les pousses de l'année précédente, ressemblent à celles du jasmin d'Espagne et se fanent en quelques jours. Elles sont ornées de bractées, disposées en glomérules axillaires et munies de pédoncules. Leur corolle est tubulaire à cinq divisions.

Pendant trois mois que dure la floraison, la blancheur éclatante de la fleur fait un agréable contraste avec le vert sombre de la feuille, et il se répand dans l'air embaumé d'une caféière un parfum suave et délicieux.

Le fruit qui succède à l'ovaire est une baie de la forme et

de la couleur d'une cerise ; il est globuleux, cérasiforme et ombiliqué au sommet.

Le péricarpe, d'abord vert, prend en mûrissant une teinte jaune, puis rouge vermeil pour devenir brun à sa complète maturité.

Le mésocarpe est jaunâtre, charnu, sa saveur est sucrée ; l'endocarpe, divisé en deux nucules, renferme deux noyaux accolés face à face, convexes sur le dos et plans sur leur face médiane, qui contiennent chacun une graine cornée, de même forme ; ils sont sillonnés au milieu, dans le sens de la longueur, sur le côté plat.

Ces graines, qui ne sont autres que les grains de café, sont entourées d'une pellicule blanche, rose ou argentée suivant les espèces.

Parfois il n'existe qu'une seule graine dans le fruit, par suite de l'avortement de l'une des loges de l'ovaire. Cette graine arrondie porte, dans le commerce, le nom de caracoli. Elle est ordinairement récoltée à l'extrémité de chaque branche.

Le caféier se reproduit de graines : la baie se divise en deux fèves, renfermant chacune dans ses téguments un albumen corné, et un embryon niché à la base qui peut reproduire le plant.

Il ne sort pas de bourgeons à bois sur les branches qui viennent de fructifier ; ces bourgeons se forment sur les anciennes pousses qui émettent aussi des rameaux portant des fleurs l'année suivante.

On connaît plusieurs espèces de caféiers, mais le plus important entre tous est le Coffea arabica. Cette espèce, transportée à Moka et de là dans tous les pays chauds, où le café a pu être cultivé, a fourni à la consommation un grand nombre de variétés, suivant la provenance, la forme et la grosseur du grain.

Les premières semences du café de Madagascar proviennent de l'île Bourbon, qui avait elle-même acclimaté le café importé de Moka.

L'origine du café de Madagascar est donc le Moka ; et l'espèce : le Coffea arabica.

Le caféier que nous avons dans l'Emyrne donne des graines analogues, comme grosseur et comme forme, au café rond de Bourbon. La coloration de la fève est d'un gris ardoise, tirant sur le vert, quand elle est récoltée à parfaite maturité.

Une seconde espèce est aussi cultivée dans l'intérieur, c'est le café Leroy, qui produit des grains allongés et pointus, connus dans le commerce sous le nom de Bourbon pointu. Découvert à l'île Bourbon, par un ancien matelot qui lui a donné son nom, il avait été classé sous le nom de Coffea laurina ; mais nous sommes plus tentés de croire, comme le dit M. E. Raoul (1) dans son remarquable ouvrage sur le café, que le caféier Leroy provient de l'hybridation du Coffea arabica et du Coffea mauritiana. Cette dernière espèce, native de Bourbon où on l'appelle caféier marron, fournit des graines très pointues, qui sont amères et qui peuvent provoquer un empoisonnement.

Le caféier Leroy est très rustique, les branches sont plus petites, plus nombreuses et plus feuillues que celles du Coffea arabica. Il est aussi plus touffu et d'une forme beaucoup plus arrondie.

Le Coffea arabica a été appelé par les Malgaches: Lavatanana (longs bras) par opposition au caféier Leroy, dont les branches sont moins allongées et plus resserrées entre elles.

(1) *Manuel pratique des cultures tropicales,* par E. RAOUL et P. SAGOT. Challamel, éditeur, 5, rue Jacob, Paris.

ÉTUDE CHIMIQUE

Les végétaux enlevant au sol chaque année une certaine quantité de principes organiques et minéraux, nous nous bornerons simplement dans ce petit travail, qui a surtout pour but de fournir les renseignements nécessaires à la culture des caféiers, à donner l'analyse que nous avons faite du café, au point de vue des éléments que l'arbuste puise dans le sol pour se nourrir et qui doivent lui être rendus, sous peine de voir les récoltes diminuer de plus en plus chaque année.

Aucune étude chimique n'a été entreprise jusqu'à ce jour sur le café de Madagascar et si cette île est une terre favorable à sa production, nous espérons qu'une des premières préoccupations du gouvernement sera d'y installer une station agronomique qui facilitera la tâche des colons en leur fournissant, par des essais de culture et les analyses des produits agricoles, des terres et des engrais, les indications et la marche à suivre pour obtenir les meilleurs résultats.

Nous ne nous occuperons pas de la teneur en caféine. Il ressort de nombreuses analyses que les cafés en général en contiennent de 1 à 2,5 p. 100.

Nous n'avons pas encore dosé cet alcaloïde dans le café de Madagascar.

Analyse du café d'Ivato (Madagascar).

	COMPOSITION DES CENDRES DE 100 KILOS DE CAFÉ MARCHAND	COMPOSITION CENTÉSIMALE DES CENDRES
	KILOS	
Acide phosphorique.....................	0.38	10.33
Potasse.............................	1.95	52.99
Chaux..............................	0.14	3.80
Magnésie............................	0.28	7.60
Acide sulfurique......................	0.12	3.27
Chlore..............................	0.03	0.82
Soude, silice, oxyde de fer, acide carbo-nique, etc.............................	0.78	21.19
Total des éléments minéraux...........	3.68	100.00
Humidité...........................	7.42	7.42
Azote..............................	1.82	—

Calcul de l'épuisement du sol par 1,000 kilos de café et par hectare, en admettant une récolte de 0 k. 500 grammes par pied, soit 1,200 kilos, et qu'on restitue la pulpe et la parche.

	POUR 1,000 KILOS DE CAFÉ EXPORTÉ	PAR HECTARE
	KILOS	KILOS
Acide phosphorique..................	3.80	4.56
Potasse.....	19.50	23.40
Chaux.............................	1.40	1.68
Magnésie...........................	2.80	3.36
Acide sulfurique...........	1.20	1.44
Chlore.............................	0.30	0.36
Soude, fer, acide carbonique, silice, etc.	7.80	9.36
Azote..............................	17.50	21. —

ÉTUDE AGRICOLE

Climat.

Le climat le plus propice à la culture du caféier est celui de
la zone intertropicale, comprise entre le 19ᵉ et le 23° degré de
latitude.

La partie montagneuse lui est plus favorable que la plaine,
surtout à cause des conditions hygrométriques. Toutefois, on
trouve des caféiers depuis l'équateur jusqu'au 27ᵉ degré de
latitude nord.

La meilleure altitude est, suivant le degré de latitude,
celle qui est comprise entre 600 et 1,200 mètres ; cette hauteur varie suivant qu'on se rapproche plus ou moins de
l'équateur.

Une température oscillant entre 12 et 30° est excellente
pour la bonne venue de cet arbuste. On peut, néanmoins,
obtenir des récoltes à une température supérieure et même
inférieure, pourvu qu'elle ne s'abaisse pas à moins de 3 ou 4°
au-dessus de zéro ; mais alors la qualité en est influencée, le
caféier se développe mal, et il a plus à redouter les diverses
maladies dont il peut être atteint.

Le café demande dix mois de la floraison à la maturité,
dans la région centrale de Madagascar, pour accomplir toutes
les phases de la végétation.

Il est bien difficile d'établir la quantité moyenne de pluie
qui semble être la plus avantageuse au caféier. M. Raoul
parle d'une précipitation d'eau n'excédant pas 150 jours. Cette
indication n'émane pas de ses observations ; aussi la donne-

t-il sous toutes réserves, tout en disant qu'il ne croit pas :

1° Qu'une précipitation plus grande soit dangereuse ;

2° Qu'on puisse faire état, en l'espèce, de la quantité d'eau précipitée, sans faire intervenir deux autres facteurs : le degré de perméabilité du sol et l'inclinaison des pentes.

Quelques personnes ont parlé d'une quantité annuelle de 1 m. 50 en hauteur, répartie en 100 jours. Le caféier pousse également avec des hauteurs de pluie de trois mètres, et même dans des contrées où il ne tombe pas un mètre d'eau.

Toutefois, c'est aux dépens de la qualité ou de la quantité. L'humidité de l'atmosphère doit atteindre 70.

Les vents de la mer et les vents trop violents sont très nuisibles au caféier, surtout au moment de la floraison. Les cyclones le renversent en quelques heures.

En résumé, le climat le plus favorable à la culture du café est celui où il y a deux saisons bien tranchées : l'une chaude et pluvieuse, l'autre sèche, avec un peu de pluie ; ou, si la pluie fait défaut, une rosée abondante et une certaine humidité dans l'air. On ne doit avoir à craindre ni les vents de la mer ni les cyclones.

L'exposition joue un certain rôle sur la qualité et influe sur le rendement. Chaque pays, par des séries successives de culture, a acquis des notions sur l'exposition qui lui convient le mieux, et elle varie suivant les régions.

Les abris et les inclinaisons produisent aussi des modifications dont le résultat contribue au succès des récoltes.

Les meilleurs abris naturels sont les montagnes et les forêts, mais il faut aussi créer des abris artificiels dont nous parlerons plus loin.

Il ressort de ce qui précède qu'une partie de la région centrale de Madagascar se trouve dans les conditions les plus favorables au point de vue du climat, pour cultiver le caféier. Elle est située sous une latitude convenable, dans un pays montagneux et des mieux arrosés. Les eaux sont très pures ; elles sortent d'un terrain primitif (gneiss, micaschiste et granit) et chaque vallon a sa source ou son petit ruisseau.

Dans l'Emyrne on trouve certains points propices à cette culture, dont l'altitude varie entre 1,200 et 1,250 mètres ; on n'a pas la température chaude des régions basses, où l'Européen ne peut travailler de ses mains. Sur le littoral, ainsi que l'indique le P. Colin, la moyenne annuelle est de 27 à 28° pendant l'hivernage et de 19 à 20° dans la saison froide, avec des maxima de 35 à 36° pour la côte Est. Elle est plus élevée encore, à latitude égale, sur la côte Ouest, où la moyenne est de 34° au moment le plus chaud du jour, avec un maximum de 38°.

A Tananarive, à l'observatoire des Missionnaires, la moyenne pour dix-sept années a été de 18°, moyenne à peu près constante pour chaque année.

En 1892 la moyenne des maxima a été 23°,5 et la moyenne des minima 12°,7, avec un maximum de 28°,2 le 30 novembre et un minimum de 6°,7 le 7 septembre.

L'observatoire de Tananarive est à 1,402 mètres d'altitude. Comme on peut tabler sur une hauteur de 1,200 à 1,250 mètres pour établir une caféière dans l'Emyrne, la température moyenne sera un peu plus chaude, car, dans les régions montagneuses des pays chauds, elle s'élève d'un degré par 300 mètres d'abaissement d'altitude.

Avec un pareil climat, dans cette zone intertropicale, l'Européen, pour nous servir de l'expression employée par M. Raoul, respire à l'aise, et il est heureux de vivre ; nous ajouterons qu'il peut travailler de ses mains, si ce n'est pendant deux ou trois mois de l'année, à l'époque des chaleurs, au moment où le soleil tombe perpendiculairement, de 11 heures du matin à 3 heures de l'après-midi, répandant une chaleur de 60°. Il lui suffit pendant le reste du jour de se couvrir la tête de manière à éviter toute insolation.

Au-dessus de 1,500 mètres d'altitude, le caféier fructifierait difficilement. Sur les montagnes de l'Ankaratra, au sud de Tananarive, la température descend jusqu'à zéro ; on y observe de la gelée blanche, et quelquefois les bords des flaques d'eau sont congelés pendant les mois de juin et juillet.

Dans l'Emyrne, il y a deux saisons bien marquées : la période des pluies, ou saison chaude, qui dure de novembre à avril, et la saison sèche pendant les six autres mois de l'année.

A l'époque des chaleurs, la pluie tombe sous forme d'orages qui exercent une influence heureuse sur la végétation. On ne connaît encore que fort imparfaitement l'action directe du fluide électrique sur les végétaux, mais on remarque qu'après l'orage, et au premier rayon de soleil, le développement des plantes est plus rapide, la vie générale plus active dans toutes ses parties, et la maturité des fruits plus grande. Malheureusement, on a quelquefois à redouter le tonnerre, qui fait des victimes, et un peu de grêle au commencement et à la fin des saisons ; mais elle est presque toujours mélangée d'eau et devient ainsi moins redoutable.

Il y a eu, d'après les observations du P. Colin, 90 et 91 jours de pluie en 1891 et 1892.

La hauteur d'eau annuelle tombée à Tananarive a été de 1 m. 40 en 1891 et 0, 995 millim. en 1892.

Au point de vue de la quantité moyenne de pluie nécessaire à la culture du café, le plateau central se trouverait donc dans d'excellentes conditions. Pendant les mois pluvieux la végétation foliacée est activée, le fruit grossit, pour mûrir en saison sèche, au moment où la pluie serait nuisible à la maturité et à la récolte. Pendant cette dernière saison, une rosée abondante rafraîchit le sol presque tous les jours : 140 fois en 1891 et 95 fois en 1892.

L'humidité moyenne de Tananarive a été de 72 en 1891 et de 70,4 en 1892.

Pendant la saison froide, l'air est toujours un peu humide ; il n'y a jamais de sécheresse excessive. L'eau répandue dans l'atmosphère agit sur les organes foliacés du café, comme celle de la terre agit sur les racines et contribue à les nourrir par ses propres éléments et les gaz qu'elle tient en dissolution. Par une sécheresse trop grande, les feuilles n'exerceraient plus leurs fonctions, puisqu'elles ne trouveraient plus dans l'air leur nourriture et qu'elles perdraient par l'évaporation leurs sucs les plus nécessaires.

Le ciel pendant la saison sèche est souvent nuageux ; les nuages s'opposent à l'émission du calorique par le rayonnement, et le sol ne se dessèche jamais à une grande profondeur. Ces nuages, quand ils ont une densité plus grande, ne peuvent rester dans l'atmosphère ; à une certaine hauteur, ils se condensent, s'abaissent et forment les brouillards qui sont fréquents dans la région centrale.

Ces brouillards, en retenant et en entraînant divers gaz, agissent sur les caféiers. Tout en fertilisant le sol, ils entretiennent une humidité particulière ; pourtant ils sont quelquefois trop froids : ils font alors tomber les feuilles des grands caféiers et périr les jeunes.

C'est un peu à cet état hygrométrique de l'air que la végétation, qui devrait s'arrêter pendant la saison sèche, doit d'être toujours en mouvement, et que le caféier, sans pousser toutefois comme dans la saison pluvieuse, n'en continue pas moins à émettre des feuilles.

Si les vents de la mer sont nuisibles au caféier à cause des particules salines entraînées, ils ne sont pas à craindre sur le plateau de l'Emyrne qui en est éloigné de plus de 200 kilomètres. Dans le centre de l'île, les vents soufflent presque constamment des diverses directions Est et Sud-Est. Quand le vent passe au Nord ou à l'Ouest, il amène ordinairement la pluie.

Les grands vents sont fort rares à Tananarive et n'ont jamais occasionné de dégâts sérieux.

Les cyclones, qui sont tant à redouter sur la côte Est et qui ont souvent détruit les plantations des colons, ne produisent pas le même effet sur le plateau central : ils sont coupés par des montagnes plus élevées et surtout par les forêts de la côte Est. Ils pourraient être nuisibles au moment de la floraison des caféiers, car, dans l'intérieur, il n'existe de forêts que sur l'Est, et malheureusement dans une région peu peuplée et plus malsaine que celle des parties dénudées.

Les caféiers sont plantés sans abri pendant les premières années, jusqu'au moment où les arbres qui devront les abriter seront assez grands.

Nous croyons, d'après nos expériences d'Ivato, que les vents ne peuvent pas nuire, autant qu'on le croit généralement, à une caféière.

Les cyclones se font sentir à la côte Est, surtout en janvier et février ; on les ressent fort peu dans l'intérieur, et à cette époque la floraison est terminée et le café est déjà noué : il a même la grosseur d'un grain de poivre.

Il est encore difficile de déterminer dans ces régions quelle est la meilleure exposition. Tout fait présumer que ce sont les côtés Ouest et Nord, car le vent d'Est règne presque constamment ; mais ce n'est que dans quelques années, et après bien des essais, qu'on parviendra à élucider ce point.

ABRIS

Si les caféiers dans les régions basses des pays intertropicaux ont besoin d'ombrage, il n'en est pas de même dans les pays montagneux, à 1,000 mètres d'altitude et au-dessus, où les nuits sont fraîches, où il y a de fortes rosées et où l'air est humide.

A Tananarive nous avons remarqué que tous les caféiers ombragés sont très verts, mais ils ne fructifient pas.

Nous croyons donc que le soleil est nécessaire à la fructification.

Mais, si le caféier n'a pas besoin d'être abrité des rayons solaires, si ce n'est au moment de la transplantation, comme nous le verrons plus loin, il est utile de le garantir des vents qui pourraient lui être préjudiciables au moment de la floraison en faisant tomber les fleurs; il faudra donc créer des abris artificiels, car il n'en existe pas dans la région centrale qui est complètement dénudée.

A Ivato, toute la caféière est divisée par des chemins, se coupant à angle droit et formant des carrés d'un hectare. Chaque chemin est bordé par une ligne d'arbres de même espèce, à croissance rapide, derrière laquelle on a placé en quinconce une seconde rangée d'arbres d'une autre nature se développant plus lentement et qui formeront plus tard l'allée véritable; les premiers arbres seront alors vendus sur le marché de Tananarive, où on les transportera facilement par la voie d'eau, après les avoir débités en planches et en bois de chauffage. Ces matériaux proviennent actuellement de la forêt située à **deux jours** de la capitale, et ils sont d'un prix très élevé.

De plus, entre chaque arbre, il a été planté plusieurs petits arbustes qui sont taillés, chaque année, à deux mètres de hauteur environ, afin de couper les vents bas qui rasent le sol.

L'espèce d'arbre qui nous a paru réunir les meilleurs conditions comme abri est le Lilas de Chine (Melia Azedarach). On l'appelle aussi Margousier, faux Sycomore, arbre à chapelet. Il appartient à la famille des Méliacées. C'est l'arbre de Madagascar dont la croissance est le plus rapide : très rustique, à petites feuilles, n'ombrageant pas trop, il n'est attaqué par aucun insecte, chenille ou champignon. Il croit dans n'importe quel terrain, sa reprise dans la transplantation est des plus faciles, et il vient très bien semé sur place. Il a l'immense avantage de perdre ses feuilles au moment de la maturité du grain de café et de les reprendre avant la floraison, lorsque le caféier craint les vents.

Ses racines s'étendent un peu, mais on a soin de les couper du côté où se trouvent les caféiers et on les laisse se développer dans les allées.

Si on le taille au ras de terre, il donne des rejets vigoureux qui peuvent fournir du taillis, ou produire un autre arbre. De plus, son bois assez léger et nerveux, peut servir à la construction ; son fruit peut être utilisé pour faire de l'huile.

Il a été importé dans l'Emyrne il y a plus de quarante ans. Ne connaissant pas la durée de son existence, nous avons planté en contre-allée des arbres qui sont plus longs à se développer, mais qui vivent longtemps et qui donnent des fruits pouvant être utilisés. Ce sont :

Le Manguier (Mangifera indica).

Le Rotro (faux acajou).

Le Jamerosa (Eugenia Jambos).

Le Zahana (Phyllarthroa Bojeri).

L'Harongana (Haronga Madagascariensis).

Le Bibassier (Eriobothria japonica).
Le Hitsikisika (Colea Talfairiæ).
Le Bananier (Musa Sapientium).
Le Goyavier (Psidium pomiferum).
Le Chêne (Quercus).

SOL

Le sol, ou terre arable, est la couche terrestre qui est propre à la culture des plantes. Il est formé de matières minérales et de substances végétales en décomposition qui leur servent de nourriture.

Les roches superficielles qui constituent le globe terrestre, sous l'influence progressive et rarement subite de l'air, de l'eau et du feu, ont été désagrégées ; elles ont alors formé le sol. Sur ce premier sol, il s'est implanté d'abord quelques lichens qui, sous l'action de l'eau et du soleil, se sont décomposés peu à peu et ont créé une première couche de terre végétale.

Par suite des mêmes phénomènes, des végétaux plus forts ont fait place à ces premières mousses ou lichens, et ils ont laissé en se décomposant des débris plus considérables qui ont accru la couche de terre ; ainsi s'est formée peu à peu la couche arable.

Ces produits de la décomposition des plantes, par les agents atmosphériques, dans les pays montagneux, ont été entrainés par les pluies dans les lieux les plus bas : c'est ce qui explique que les vallées ont toujours une couche de terre plus profonde que les sommets des montagnes et que ces terres sont ordinairement plus fertiles et d'une épaisseur variable, tandis que celle des plateaux est assez uniforme dans sa composition.

Comme le climat, le sol est un des principaux facteurs de la production végétale : d'abord, il est le soutien de la plante, mais là ne se borne pas son action : il concourt aussi à la nutrition des végétaux qui y puisent les matières minérales et organiques qu'il renferme.

Si la plante lui emprunte, ainsi qu'à l'atmosphère, les éléments organiques, elle prend au sol exclusivement tous ses principes minéraux.

Chaque végétal, depuis la plus petite plante jusqu'aux arbres les plus gigantesques, est composé d'éléments chimiques, toujours les mêmes, et qui sont indispensables à son existence et à son développement ; le sol lui en fournit une partie.

Tous ces principes existent dans la terre à l'état insoluble et soluble, c'est-à-dire assimilable. S'ils étaient à l'état soluble, les grandes pluies, malgré les qualités absorbantes que l'argile et l'humus donnent à la terre, les feraient disparaître, soit par entraînement hors du champ, soit par infiltration dans le sous-sol, et la stérilité s'ensuivrait.

Les éléments insolubles qui sont en réserve dans le sol, sous l'influence des agents atmosphériques, se solubilisent et peuvent être absorbés par les végétaux ; mais cette action de la chaleur, de l'air et de la pluie est très lente et on y remédie en apportant à la terre, sous forme d'engrais, les éléments que les récoltes lui enlèvent ou qui sont entraînés par les pluies.

Éléments constitutifs du sol.

Les éléments constitutifs du sol, soit isolés, soit combinés entre eux, diffèrent par leur proportion dans chaque terre, et si l'un d'eux faisait défaut, la terre serait stérile. Ce sont :

La silice,

L'alumine,

La chaux,

La magnésie,

La potasse,

La soude,

Le phosphore,

Le soufre,

Le chlore,

Le fer,

Les matières organiques non azotées,

Les matières organiques azotées.

Quelques corps, tels que le manganèse, etc., s'y trouvent accidentellement.

Silice.

La silice est un composé de silicium et d'oxygène. C'est une des substances minérales les plus communes ; aussi, on ne doit pas se préoccuper de sa disparition. Elle se trouve dans le sol à l'état insoluble, formant des grains de grosseur variable, à l'état de silice pure ou en combinaison avec la potasse, la soude, la chaux, l'aluminium et le fer. Elle joue le rôle d'acide vis-à-vis de ces bases ; elle est aussi quelquefois à l'état soluble : elle provient de la décomposition des roches silicatées par l'action lente de l'eau et de l'acide carbonique ; ses propriétés varient suivant son état d'agrégation. Elle influe, d'après la grosseur de ses grains, sur la ténacité des terres et sur leur perméabilité ; certains végétaux, tels que le bambou, en absorbent des quantités importantes. Elle communique alors à ces plantes une dureté considérable et une grande rigidité. Elle s'accumule principalement dans la pulpe du café.

Une terre est sablonneuse quand elle contient plus de 70 p. 100 de sable ou silice.

Alumine.

L'alumine est une poudre blanche, légère, insoluble dans l'eau qu'elle absorbe immédiatement et avec laquelle elle forme une pâte qui se durcit en desséchant.

Combinée à la silice, elle forme l'argile, ou silicate d'alumine, qui est blanche à l'état pur et qui prend dans les terres une coloration, tirant sur le jaune ou sur le rouge, due à la présence du fer.

Comme l'alumine pure, elle absorbe l'eau avec promptitude et elle durcit par la chaleur, sous les rayons du soleil, ce qui rend la terre qui en renferme difficile à travailler. L'argile a une qualité précieuse pour les pays où il y a une saison de sécheresse : elle retient l'humidité et emprisonne en même temps l'ammoniaque qui se dégage des matières organiques en décomposition et la met ainsi que l'eau à la disposition de la plante au fur et à mesure de ses besoins.

Ainsi, dans une terre argileuse, les engrais sont plus longs à produire leur effet.

Les terres sont plus ou moins argileuses suivant la proportion de sable et d'argile qu'elles contiennent. Elles sont appelées argilo-siliceuses ou terres franches, quand elles ont 30 à 40 p. 100 d'argile ; au-dessus de ces proportions ce sont des terres argileuses.

Chaux.

La chaux est une combinaison du calcium avec l'oxygène. Elle se trouve dans le sol, surtout à l'état de carbonate, mais elle est aussi combinée avec une partie des autres acides du sol.

Les terres où la chaux domine sont peu fertiles ; elles n'ont aucune consistance pendant la sécheresse ; à la moindre pluie, elles forment une véritable bouillie, et les engrais n'y produisent pas un effet prolongé : ils s'y détruisent.

Tous les sols cultivés sont pourvus de carbonate de chaux ou calcaire, mais les proportions varient : les terres du Betsiléo n'en contiennent que des traces ; dans quelques-unes on constate même son absence, et une adjonction de calcaire leur sera très favorable, surtout dans les terrains argileux et contenant des matières organiques. Dans presque tous les pays intertropicaux les terrains calcaires sont très rares.

Magnésie.

Le magnésium et l'oxygène en se combinant, équivalent à équivalent, forment la magnésie. Celle-ci se rencontre dans le sol à l'état de carbonate et de phosphate, qui accompagnent souvent le carbonate de chaux.

Elle joue dans la composition du sol et dans la nutrition des plantes un rôle moindre que celui de la chaux. Les terres du Betsiléo en contiennent aussi des traces ; celles de l'Emyrne en renferment des quantités importantes.

Potasse.

La potasse est l'oxyde de potassium ; elle est fournie au sol par la décomposition des roches qui la renferment, surtout à l'état de silicate.

On la trouve en proportions sensibles dans les argiles sous la forme de silicate, de carbonate, de sulfate de potasse et combinée au chlore.

Les terrains argileux sont ordinairement potassiques. Les

terres du plateau central sont très riches en potasse, que les façons culturales et les agents atmosphériques mettront à la disposition des plantes. C'est un des éléments minéraux les plus utiles à la végétation ; si les terres de Madagascar en contiennent des proportions importantes, il n'en faudra pas moins la restituer au sol, car les pluies l'entraînent facilement hors du champ ou en sous-sol et en enlèvent chaque année une quantité assez difficile à évaluer.

Certains feldspaths en renferment jusqu'à 20 p. 100 et des micas 15 p. 100.

Les terres vierges et cultivées du Betsiléo contiennent de 1 à 3 pour mille de potasse. Celles de l'Emyrne, que nous avons analysées, sont plus riches que celles du Betsiléo : elles en renferment de 3 à 4 pour mille.

Soude.

La soude est un corps composé de sodium et d'oxygène. Elle offre beaucoup d'analogie avec la potasse qu'elle accompagne toujours dans toutes les roches où elle est combinée avec les mêmes acides. Les argiles en contiennent aussi des quantités quelquefois importantes. On rencontre parfois le sodium à l'état de chlorure, surtout sur les bords de la mer ; ces terres salées ne sont pas bonnes à la végétation de toutes les plantes.

Le rôle de la soude n'est pas comparable à celui de la potasse ; aussi ne peut-elle jamais la remplacer. Les végétaux ne la recherchent pas, si ce n'est quelques plantes qui croissent dans les terres salées.

Phosphore.

Le phosphore, allié à l'oxygène, forme l'acide phosphorique qui se trouve dans le sol à l'état de phosphate, combiné à la chaux et à toutes les matières minérales qui lui servent de base.

Comme la potasse, il provient de la décomposition des roches sous-jacentes qui ont formé la terre végétale. Il ne modifie pas les caractères physiques d'un sol comme l'argile, la silice, la chaux, mais c'est un des principaux aliments de la plante. Il aide surtout à la fructification en augmentant la grosseur et le poids du grain. Grâce à sa présence dans la terre, les fleurs des arbres tiennent mieux et les fruits nouent en plus grande quantité.

Sous l'influence de l'acide carbonique du sol, il est solubilisé et peut être absorbé par les racines.

Les terres arables du Betsiléo en renferment des proportions notables qui peuvent aller jusqu'à 5 pour mille ; tandis que dans l'Emyrne, à Ivato, les terres de montagne n'en contiennent pas ou fort peu.

Le phosphore existant dans le sol vient du fer, avec lequel il est combiné, et de roches phosphatées du terrain primaire.

Soufre. — Chlore.

Le soufre uni à l'oxygène produit l'acide sulfurique qui, associé à la chaux, la potasse, le fer, etc., forme des sulfates correspondants. Il joue un rôle important à l'état de sulfate de chaux spécialement sur les légumineuses.

Les récoltes en enlèvent fort peu.

Comme le soufre, le chlore se trouve dans tous les sols et toujours en quantité suffisante. Il est ordinairement combiné à la potasse et à la soude.

Carbone. — Oxygène. — Hydrogène.

Le carbone est fourni par la décomposition des matières organiques, et l'eau apporte à la plante l'oxygène et l'hydrogène.

Fer.

Le fer se trouve dans le sol à l'état d'oxyde combiné à l'acide silicique, carbonique et phosphorique. C'est à sa présence qu'est due la teinte jaune rougeâtre plus ou moins foncée des terres arables.

Quand la terre est jaune, le fer y existe à l'état hydraté (sesquioxyde de fer), c'est-à-dire combiné avec l'eau ; quand il est à l'état anhydre (peroxyde de fer), le sol est de couleur rouge.

C'est sous cette dernière forme qu'il est le plus favorable à la végétation.

Le fer est abondant dans toutes les terres de Madagascar ; sa présence est ordinairement, dans les pays chauds, un indice d'une fertilité durable, et les plantes l'utilisent comme un aliment.

Dans la majeure partie des terrains du plateau central, on trouve des graviers de fer plus ou moins gros, à l'état de limonite. Ce sont les meilleurs terrains, parce que ces graviers modifient la composition physique du sol, le rendent moins compact, plus perméable et plus apte à être ameubli.

Dans tous ces minerais de fer il y a aussi de l'acide phosphorique, mais en petite quantité.

Le fer, comme la chaux, sert dans le sol à la décomposition des matières organiques, qu'il réduit par une oxydation lente, en transformant l'acide organique qu'elles renferment en ammoniaque et ensuite en nitrate. C'est donc un agent de nitrification.

Il fixe aussi l'acide phosphorique soluble à l'état de phosphate de fer en le rendant insoluble, jusqu'à ce que les autres éléments du sol le solubilisent et le livrent à la plante au fur et à mesure de ses besoins. Le rôle du fer est donc très important.

Matières organiques.

Les matières organiques du sol proviennent de la décomposition des végétaux des récoltes antérieures. Sous l'influence de l'air, de l'eau, de la chaleur, et surtout en présence des sels alcalins du fer et de la chaux, il se fait de l'acide carbonique qui augmente au fur et à mesure que l'oxygène et l'hydrogène diminuent.

Les débris végétaux sont détruits peu à peu et se transforment en une matière noire et onctueuse qu'on appelle l'humus.

La décomposition des matières organiques est plus ou moins activée suivant les conditions dans lesquelles a eu lieu sa formation et le temps qu'elle a mis à se former.

L'humus ou terreau est composé de carbone, hydrogène et oxygène, toujours associés à l'azote, et jouit au point de vue physique et mécanique de propriétés importantes ; il est un des principaux facteurs de la fertilité.

Georges Ville a démontré qu'on pouvait dans un laboratoire obtenir le développement maximum d'une plante, en ne lui fournissant que des éléments minéraux, sans humus. En culture cela deviendrait impossible, et, si nous prenons deux terres de même composition chimique, celle contenant de l'humus rendra 50 p. 100 de plus (d'après Grandeau), pourvu que cette substance, très complexe, se trouve dans des conditions favorables à la végétation. Si le sol en était privé, la terre se dessécherait.

Comme l'argile, l'humus absorbe et retient l'humidité et peut fournir à la plante l'eau nécessaire à sa vie pendant les sécheresses.

Par sa production d'acide carbonique, il contribue à rendre solubles les substances nutritives minérales et sert à l'alimentation des plantes.

C'est par les engrais végétaux et les fumiers qu'on rend au sol l'humus qui disparait.

Dans les terrains tourbeux, il existe en abondance, mais comme il s'est formé sous l'eau, il est très acide et il faut que les alcalis le modifient pour qu'il devienne favorable à la végétation. Le sol des forêts est quelquefois dans les mêmes conditions.

Les fonds des vallées cultivées, où les pluies entraînent l'humus soluble et les débris de plantes, sont ordinairement plus riches en humus que le flanc des montagnes. Les terrains argileux en contiennent aussi davantage que ceux qui sont sablonneux ou calcaires.

L'humus joue aussi un rôle important par les matières azotées qu'il renferme et qui servent d'aliment à la plante.

Les sols montagneux et dénudés de l'Emyrne renferment peu d'humus et d'azote ; il faudra donc leur en fournir par des apports de fumiers et de matières organiques.

Analyse des terrains du Betsiléo et de l'Emyrne.

DÉSIGNATION DES PARCELLES	POUR 1,000 DE TERRE			CHAUX	MAGNÉSIE	
	ACIDE phosphor.	AZOTE	POTASSE			
Sous-sol. Terre rouge prise à 3 mètres de profondeur......	0.919	0.35	1.44	Faibles traces ou absence complète	Traces	Institut national agronomique.
Filon de terre jaune se trouvant à 2 m. de profondeur (Parc de la résidence de Fianarantsoa)......	0.600	0.09	2.12			
Terre prise dans une caféière ancienne et encore prospère......	2.49	1.46	1.78			
Terre végétale prise à 0 m. 80 de profondeur (Jardin de la Résidence)......	1.81	1.45	2.47			
Tête de vallée. Terre prise à 4m50 de prof.	1.57	0.56	1.87			
Id. Id. 4m Id.	1.80	0.87	1.68			
Terre prise dans un champ de patates douces......	1.43	1.80	0.73			
Terre des pâturages naturels prise sur le flanc des collines......	3.24	1.82	1.15			
Terre végétale de jardin......	2.58	1.69	2.26			
Terre violette. Filons traversant des couches argileuses......	0.24	0.09	0.71			
Pas d'indication (lignite ?)......	1.96	6.81	0.80			
Filons de terre jaune traversant des couches argileuses......	5.16	0 63	3.50			
Sous-sol. Terre rouge prise à 8 m. de prof.	0.82	0.22	0.76			
Terre de caféière ancienne devenue stérile.	5.62	1.30	3.11			
Tête de vallée. Terre prise à 1 m. de prof.	2.45	1.48	2.07			
Terre vierge rouge argilo-ferruginse d'Ivato.	Néant.	0.084	4.10	2.00	»	Rigaud.
Sous-sol Id. Id. Id.	»	0.032	3.82	1.14	»	
Terre vierge brune Id. Id.	Traces	0.110	4.35	1.80	»	
Sous-sol Id. Id.	»	0.042	3.96	1.08	»	
Terre vierge noirâtre Id. Id.	»	1.064	3.22	1.62	»	
Terre vierge blanchâtre sablonneuse Id.	»	0.900	3.08	0.86	»	

Il ne suffit pas de connaître la nature chimique des terrains pour nous rendre compte de leur valeur, de leur fertilité et de leurs fonctions dans la végétation, on doit encore étudier les propriétés physiques, qui ont une influence plus directe sur la manière dont tous les éléments se comportent envers la plante, les agents atmosphériques, l'eau et les instruments de culture.

Il faut donc rechercher pour chaque terre : son degré de ténacité, d'adhérence et de cohésion ; sa perméabilité ; ses facultés d'absorber l'eau, l'humidité de l'air, la chaleur et les gaz ; son aptitude à se dessécher.

Ces caractères physiques varient suivant les sols, quoique la composition chimique reste la même, et ils exercent une grande influence sur la végétation. On ne devra pas négliger de s'assurer de la nature du sous-sol, c'est-à-dire de la partie qui est immédiatement au-dessous du sol agraire ; il influe sur les qualités du sol cultivable, dont il fait varier l'épaisseur et l'état d'humidité ou de sécheresse.

Un sous-sol imperméable, glaiseux ou rocheux est nuisible à toutes les plantes ; quand il est un peu sablonneux, que l'argile n'est ni trop compacte ni trop dure, il réunit les meilleures conditions pour que les racines du café se développent, surtout s'il renferme en assez grande quantité les principes fertilisants.

Maintenant que nous avons vu de quoi se composent ces sols arables et que nous savons comment ils se sont formés, nous comprenons qu'il doit y avoir une variation très grande dans leur composition.

On trouvera toujours sur le plateau central des terres profondes à sous-sol d'une certaine épaisseur pour faire la culture du café.

Nous pouvons faire une première division des terrains de cette région, en terres de vallée et terres de montagne.

Les premières seront bien plus fertiles que les autres, par suite des matières solubles qui sont entraînées des hauteurs sous l'influence des pluies ; elles sont presque toutes argileuses et riches en humus, et par conséquent retiennent ces parties solubles qui servent de nourriture à la plante ; aussi, le Malgache y récolte-t-il du riz en abondance, sans songer bien souvent à restituer par des engrais ce que les récoltes enlèvent de principes fertilisants, depuis bien des années qu'elles sont en culture.

Leur richesse est donc très variable d'un point à un autre, et ces terres seront toujours cultivées en rizières par les indigènes, le riz étant la base de leur alimentation. De plus, elles seraient trop humides pour y planter du café, à moins d'y faire des drainages.

Occupons-nous donc des terres de montagne qui forment d'ailleurs la plus grande partie de l'Emyrne, et dont la composition est relativement assez uniforme, car il existe toujours une relation intime entre la constitution du sol géologique d'un pays et les propriétés de son sol arable. C'est sur ces terres que le café doit être cultivé.

Ces terrains ont été formés par la décomposition des roches du terrain primitif sur lequel ils reposent (gneiss, micaschiste et granit). Ils sont ordinairement médiocres, bons pour les forêts quand ils sont assez épais. Dans le Betsiléo ils manquent de chaux, mais la décomposition de ces roches leur a fourni des quantités de potasse et, comme au Brésil, leur richesse en acide phosphorique doit provenir de petits cristaux d'apatite disséminés dans la masse, et surtout du fer qui en renferme une petite proportion.

Or, les terrains du plateau central sont très ferrugineux; ils en contiennent jusqu'à 25 p. 100. Dans l'Emyrne au contraire, nous trouvons la chaux, et c'est l'acide phosphorique qui fait défaut.

Tous ces terrains montagneux de l'intérieur sont argileux, argilo-sablonneux et surtout argilo-ferrugineux, ou argilo-sablonneux-ferrugineux.

On trouve néanmoins des parties sablonneuses, comme nous en avons quelques-unes à Ivato, mais jamais de terres calcaires.

Toutes les fois que, dans l'Emyrne, où il n'existe pas de plaine proprement dite, une propriété aura une certaine étendue, il sera difficile d'y rencontrer un terrain d'une composition unique. Les sommets des montagnes et les pentes différeront des parties basses.

FERTILITÉ DU SOL

Depuis quelques années on s'est beaucoup occupé de savoir si la région centrale de Madagascar était fertile, et bien des opinions se sont manifestées, diamétralement opposées.

Une très petite surface de terrain a été mise en culture par les Hovas, plus spécialement des fonds de vallées où ils cultivent leur riz. Dans le pays des Betsiléos, des flancs de coteaux irrigués ont été transformés en rizières, étagées en gradins, et, en dehors du riz, du manioc, des patates et de quelques autres plantes qui forment la nourriture des habitants, aucune culture en grand n'a encore été entreprise par l'indigène. Toutes les terres, sauf une partie infime, sont incultes.

Qu'entend-on d'abord par fertilité ?

C'est la faculté que possède une terre de produire abondamment des récoltes, sans adjonction d'engrais, en lui fournissant seulement les soins nécessaires à sa mise en valeur. Une terre serait donc d'autant plus fertile qu'elle rendrait pendant plus longtemps d'abondantes récoltes, sans fumures. Mais quelle devra être la durée de cette fertilité ? Elle ne peut être éternelle ; les terrains les plus riches ont une dot de fécondité de plusieurs années, et les plantes, en prélevant au sol leurs éléments nutritifs, parviendront à l'épuiser, si l'on n'opère pas une restitution des principes fertilisants.

Nous croyons donc qu'il faudrait compléter cette définition en ajoutant : son aptitude à produire telle ou telle récolte, sa durée de fertilité et le profit qu'elle tire d'un engrais ou d'un amendement.

Sans des essais de culture pratique, il me semble bien difficile de juger de la fertilité d'une terre, et surtout d'indiquer quelle pourra être la durée de cette fécondité dans les pays intertropicaux et dans ceux où il n'y a pas encore de termes de comparaison.

En effet, en dehors de l'aspect de la végétation spontanée et des analyses qui indiquent les qualités physiques et chimiques d'un sol, il faut mettre en ligne de compte l'influence du climat, la nature des eaux et établir des comparaisons avec des pays produisant les mêmes récoltes.

D'après les analyses chimiques des terres de la région centrale, un sol de France ayant des propriétés physiques analogues serait stérile, car on constate dans l'Emyrne l'absence d'un des éléments essentiels : l'acide phosphorique, et dans le Betsiléo, la chaux ; mais, en ajoutant ces principes, on obtiendrait une bonne terre arable.

En classant un très grand nombre d'analyses et en comparant les résultats obtenus aux récoltes produites par le cultivateur sur le même sol, MM. de Gasparin et Risler pensent qu'une terre en Europe pour être fertile doit contenir par 1,000 kilos :

1 kilo d'azote,

1 à 2 kilos d'acide phosphorique,

1 k. 500 de potasse.

L'analyse des terres du Betsiléo nous montre que le dosage de ces éléments est supérieur à ces chiffres, au moins pour l'acide phosphorique et la potasse ; l'azote manquerait un peu. Avec une addition de ce dernier élément et de la chaux, et, par des façons culturales qui rendraient assimilables ces éléments, ainsi que les autres principes nutritifs de la plante dont le sol est abondamment pourvu, on obtiendrait un sol fertile. Pour les terrains de l'Emyrne il faut, dès les premières années de culture, non seulement apporter au sol les substances que les récoltes enlèveront, mais encore augmenter cet apport au début pour améliorer les qualités du terrain ; on devra donc forcer les doses, surtout en acide phosphorique et en azote, sans augmenter la potasse qui est abondante.

Quant aux qualités physiques, elles sont très diverses, suivant les sols. En général, les terrains de montagne, presque tous encore vierges, dont nous nous occupons, sont argilo-ferrugineux ou argilo-silico-ferrugineux et renferment une petite proportion d'humus. Leur ténacité, due à leur nature argileuse, diminue sensiblement lorsqu'ils ont reçu un premier labour ; ils deviennent assez perméables, s'ameublissent facilement, conservent une certaine chaleur et en même temps leur fraicheur pendant les sécheresses. Un grand nombre sont assez profonds.

Les granits composant les roches sous-jacentes sont formés de gros éléments, mais d'une désagrégation assez facile, et ces roches, sur lesquelles repose le sol, sont altérées profondément.

Des diorites et des syénites abondent aussi dans le plateau central, et les terres fournies par leur décomposition sont de meilleure qualité.

Si les terres du Betsiléo sont riches en principes fertilisants, moins la chaux, et si les conditions physiques sont ordinairement bonnes, on pourrait, en faisant des apports de chaux en conclure que la terre est fertile, mais il faudrait encore voir combien de temps peut durer cette fertilité.

Les indigènes prétendent qu'un caféier ne produit que pendant quatre à cinq ans ; en d'autres termes, la terre aurait une fertilité de huit à neuf années seulement, mais, en lui rendant les éléments de nutrition enlevés par la récolte, il porterait, croyons-nous, des fruits pendant beaucoup plus de temps. Nous donnons comme preuve de ce que nous avançons toutes les plantations autour des villages, qui sont fumées, et qui ont souvent quarante à cinquante ans d'existence.

Quant aux terres de l'Emyrne, nos expériences nous ont montré que des caféiers plantés sans engrais ne peuvent vivre longtemps; leur croissance est chétive et l'arbre ne fructifie pas. Si, au contraire, nous leur donnons des fumures appropriées, ils se développent normalement et produisent de magnifiques résultats.

Dans la forêt il ne doit pas en être de même, car la terre est recouverte d'une couche plus ou moins épaisse d'humus, formée par la chute des feuilles et par les racines qui se décomposent petit à petit, quand les troncs ont été brûlés. D'un autre côté, les arbres, par leurs racines profondes, vont puiser les éléments qui les constituent, et par conséquent les ramènent à la surface du sol par les feuilles qui tombent chaque année, et par leur propre substance quand on opère le défrichement. Mais en terrain nu, et c'est le cas de presque tout le plateau central, la proportion d'humus n'est plus assez importante, puisque les herbes ont été brûlées sur place chaque année, ce qui a détruit le principe fertilisant azoté, tout en conservant dans les cendres les substances minérales qui étaient dans les plantes ; on n'entretiendra donc la fécondité qu'en y ajoutant des engrais et des matières organiques pouvant fournir de l'humus.

Mais alors, avec cette adjonction de matières organiques et d'engrais appropriés à la nature du sol et au caféier dont on connaît la composition chimique, et avec des façons en temps opportun, nous pouvons considérer que la région centrale possède un sol apte à produire toutes les récoltes qu'on obtient dans les pays de même climat. Il ne faudrait pas conclure qu'une terre qui contient beaucoup d'humus, telle que celle provenant d'un défrichement de forêt, ait une fertilité bien durable ; elle s'épuise souvent très vite dans les climats intertropicaux qui sont pluvieux. Il faut d'abord connaître l'épaisseur de la couche humifère et voir quelle est la nature du sous-sol, qui peut être un banc d'argile, de sable ou de roche. Dans ce cas, la terre sera vite stérile, si elle ne reçoit pas d'engrais. De plus, l'humus a des combinaisons différentes qui le rendent plus ou moins favorable aux plantes. Celui qui s'est formé sous l'eau, par exemple, est acide et brûle les racines.

La végétation spontanée pourrait aussi fournir de précieux renseignements sur la fertilité naturelle du sol; mais les plantes qui croissent naturellement à Madagascar, où la flore est différente de celle d'Europe, n'ont pas encore été analysées ; elles ne peuvent donc nous servir à déduire le degré de la fécondité ou de la stérilité de la terre, comme dans les pays tempérés. D'ailleurs, sur tous les sols montagneux incultes de ce pays, il pousse une seule herbe d'une végétation plus ou moins vigoureuse ou languissante, laissant souvent le sol découvert, ce qui est un indice de stérilité.

En un mot, nous pensons, si nous nous reportons aux analyses du sol, à nos expériences de pratique et aux résultats obtenus, que les différents végétaux qui viennent dans les pays de même latitude peuvent très bien être cultivés dans l'Émyrne, à la condition de restituer au sol, les éléments fertilisants que les récoltes enlèvent ; mais, sans engrais, nous pouvons affirmer que la culture du café est impraticable. On ne trouve pas ici, si ce n'est peut-être dans la forêt, qui est recouverte d'une couche d'humus, de terrains ayant une dot de fertilité de plusieurs années, comme en Amérique où l'on peut récolter du blé pendant quarante ou cinquante ans, sans fumure.

La majeure partie des sols montagneux du plateau central ne sont pas complètement stériles, mais ils n'ont pas une grande richesse native ; seulement dans les terrains où les conditions physiques sont bonnes, avec des fumiers consommés et une addition d'engrais complémentaires, appropriés à la nature du sol et à la plante à cultiver, on peut présumer, si nous en jugeons par ce que nous avons obtenu à Ivato, que toutes les récoltes permises par le climat seront abondantes et rémunératrices.

Terre à café.

Le caféier dans l'Émyrne végète plus ou moins bien dans tous les sols, si on lui donne les soins et les fumures qui lui sont nécessaires. Il faut toutefois en excepter les terrains humifères.

Il demande un sol profond, de manière à ne pas avoir son pivot arrêté par les roches, le tuf ou un sol trop dur. Un sous-sol légèrement caillouteux lui est très favorable. Il préfère un terrain riche en humus, comme l'emplacement d'une forêt, où il peut pendant un certain temps se passer de fumure et où, tout au moins, il faut une dose d'engrais moindre que dans les défrichements de terres non boisées.

Il végète très bien dans les terres sablo-ferrugineuses qui étaient autrefois réputées comme mauvaises, et qu'on recherche maintenant dans certains pays; mais sa reprise y est plus difficile, car ces terres sont sèches. On a remarqué que les atteintes de l'hémiléia s'y faisaient moins sentir.

A Madagascar tous les terrains recouvrant le terrain primitif sont très ferrugineux; ils sont d'une nuance rougeâtre et le fer s'y rencontre à l'état de peroxyde.

Dans les terres argileuses où le sous-sol laisse l'eau s'infiltrer le caféier réussit aussi fort bien, si ses racines ne séjournent pas trop dans l'humidité. Les meilleures terres sont celles qui sont rouges, argilo-sablo-ferrugineuses, ayant un sous-sol de même composition, ou un peu moins argileux et dans lesquelles on rencontre de petits graviers d'oxyde de fer.

Les terres calcaires ne conviennent pas au café, mais il n'en existe pas.

Le sol du plateau central, au point de vue physique, est un peu dans les conditions de certaines régions du Brésil, avec le même climat et sous la même latitude. Il est loin d'avoir la même fertilité, mais on y produit plus facilement et plus économiquement des engrais. Il y a donc lieu d'espérer que Madagascar peut devenir un centre de culture du café.

ENGRAIS

Pour bien comprendre la théorie des engrais, il faut connaître la composition chimique des plantes et la manière dont elles absorbent leurs éléments.

Nous allons en donner quelques explications très sommaires.

La plante, comme l'animal, doit se nourrir pour croître et arriver à son développement normal; elle opère sa nutrition par ses feuilles et ses racines, dans l'air et dans le sol, en s'emparant de certains éléments et en les transformant en sa propre substance.

Si l'on analyse la plante, on trouve qu'elle est constituée invariablement de quatorze éléments chimiques, toujours les mêmes, mais dans des proportions différentes suivant son espèce, la nature des terrains où elle est cultivée et les engrais qu'on lui a fournis. Ce sont :

Le carbone..............	
L'hydrogène.............	éléments organiques.
L'oxygène..............	
L'azote...............	
Le silicium.............	
Le calcium.............	
Le magnésium...........	
Le potassium...........	
Le sodium.............	éléments minéraux.
Le fer...............	
Le manganèse...........	
Le phosphore...........	
Le soufre.............	
Le chlore......,.......	

Ces matériaux qui composent le végétal se divisent en deux classes : les principes organiques, qui forment 90 à 95 p. 100 du poids des végétaux et qui disparaissent dans la combustion ; les principes minéraux, résistant à l'action du feu, qui constituent les cendres et qui entrent pour 3,5 à 10 p. 100 dans le poids de la plante.

Sur ces quatorze éléments, quatre seulement : l'azote, l'acide phosphorique, la potasse et la chaux, doivent être restitués au sol, parce que les récoltes en enlèvent des quantités considérables.

Le carbone, l'oxygène et l'hydrogène sont fournis gratuitement par l'air et par l'eau, et les sept autres principes sont en quantités relativement assez importantes dans le sol; il n'y a pas lieu de lui en faire apport.

Les quatre premiers corps : azote, acide phosphorique, potasse et chaux, constituent les principes actifs de tous les engrais ; mais, pour employer une formule plus générale, on donne le nom d'engrais à toute matière végétale ou animale nécessaire à la nutrition des végétaux.

Quand une plante se décompose sur place, elle rend au sol, non seulement tous les éléments qu'elle lui a prélevés, mais encore ceux qu'elle a puisés dans l'atmosphère. Les substances organiques en se décomposant forment l'humus et les minéraux sont devenus plus assimilables, puisqu'ils ont été déjà absorbés par la plante.

Si chaque année les végétaux ne sont pas récoltés, ils se décomposent, et la fécondité de la terre augmente; c'est ce qui explique la richesse des terres vierges. Si, au contraire, on récolte les produits, ils enlèvent aux champs les principes fertilisants, la richesse du sol diminue, les rendements s'affaiblissent et la terre devient stérile. Il faut donc rendre au sol les éléments nutritifs que les plantes ont prélevés.

La terre la plus fertile s'épuisera au bout d'un certain temps, si l'on n'y fait pas d'apport des quatre éléments que nous avons indiqués; il faut y ajouter un cinquième facteur qui est l'humus; nous avons vu que, sans sa présence, un sol riche en éléments minéraux deviendrait vite stérile.

Nous allons examiner sous quelle forme on peut se procurer des engrais.

Engrais azotés.

L'azote existe sous trois états; organique, ammoniacal et nitrique.

L'azote organique n'est pas absorbé directement par le végétal, il est transformé dans le sol en azote ammoniacal qui, lui-même se change en azote nitrique (1). C'est sous cette dernière forme que les plantes peuvent se l'assimiler.

On trouve l'azote dans les engrais suivants :

Sulfate d'ammoniaque,

Nitrate de soude,

Nitrate de potasse.

Matières organiques.

Nous ne nous occuperons pas des trois premiers produits qui sont fabriqués par le commerce et qui ne pourraient supporter les frais d'un transport d'Europe dans l'Emyrne. Ce sont des engrais chimiques.

On trouve sur place les matières organiques. En dehors de l'humus qu'elles produisent dans le sol après leur décomposition, tout en l'allégissant et en améliorant ses propriétés physiques, elles lui procurent encore une dose d'azote plus ou moins considérable, suivant la matière employée. Dans les pays chauds, où l'effet des engrais est assez fugitif, elles ont l'avantage de se décomposer au fur et à mesure du besoin des plantes ; mais, en revanche, en se transformant en ammoniaque dans le sol, elles perdent dans l'atmosphère, à l'état gazeux, une partie de leur azote.

(1) MM. Schlœsing et Müntz ont montré que cette transformation était due à des bactéries microscopiques qui agissaient un peu comme la levure de bière.

Les principaux engrais azotés qu'on peut se procurer à Madagascar, en dehors du fumier qui est un engrais complet et que nous étudierons plus spécialement un peu plus loin, sont :

DÉSIGNATION	AZOTE %
Laines	9.4
Poils	13.8
Plumes	15.3
Viandes	3.6
Viandes sèches	13.0
Chiffons de laine	17.9
Poissons séchés	16.8
Chrysalides	1.9
Chrysalides séchées	9.0
Sang desséché	17.0
Os naturels	4¼ à 5
Os dégraissés	1 à 1¼
Rognures de corne	14.3

L'azote contenu dans ces engrais est à l'état organique; dans les engrais chimiques, il est ammoniacal et nitrique.

Les engrais azotés développent surtout la végétation foliacée. Un excès d'azote rendra les feuilles d'une belle couleur verte, mais ce sera au détriment du grain, s'il n'est pas accompagné dans le sol d'une proportion suffisante d'acide phosphorique et de potasse.

L'azote et la potasse sont les dominantes du café.

Les sols de l'Emyrne que nous avons analysés ne contiennent que de 0,084 à 1,064 pour mille d'azote; ceux du Betsiléo sont plus riches, mais l'analyse a été faite sur des terrains déjà travaillés et fumés.

Chaque 1,000 kilos de café marchand enlève au sol, chaque année, 18 kilos 200 d'azote.

Engrais phosphatés.

Le phosphate est un composé de phosphore et d'oxygène combiné à diverses bases. Sous l'influence de l'acide carbonique et des substances organiques et minérales du sol, il est solubilisé et absorbé par les racines.

Les principales matières phosphatées sont :

Les phosphates minéraux : coprolithes, phosphorites et apatites ;

Les superphosphates ;

Le phosphate précipité ;

Les scories de déphosphoration ;

Les phosphates d'origine animale.

On n'a pas encore recherché les phosphates naturels dans la région centrale, mais tout fait présumer qu'on trouvera de l'apatite. C'est sous cette seule forme que le phosphate peut se rencontrer dans les terrains primaires, où il est à l'état de roche en place ; c'est aussi le minerai le plus riche en acide phosphorique.

Sa qualité dépendra de beaucoup de choses : de sa richesse en acide phosphorique, de sa ténuité quand il sera réduit en poudre, de son degré d'assimilabilité relative, etc...; nous ne nous en occuperons pas.

Les superphosphates sont des mélanges de phosphates en poudre avec de l'acide sulfurique, qui produisent du sulfate de chaux, des phosphates solubles et de l'acide phosphorique libre ; ils sont inférieurs aux phosphates dans les terrains vierges et argileux. Ces engrais sont encore des produits commerciaux qui ne se transportent qu'à grands frais sur le plateau central.

Les phosphates précipités et les scories de déphosphoration sont dans le même cas. On trouvera de l'acide phosphorique dans les os des animaux qu'on rencontre sous plusieurs formes :

Os verts,

Os dégraissés,

Cendre d'os.

Les os verts sont les os des animaux abattus ; ils contiennent de 20 à 22 p. 100 d'acide phosphorique correspondant à 43,60 à 47,96 p. 100 de phosphate tribasique de chaux.

Ils fournissent en outre un autre élément, l'azote, sous la forme organique qui s'y trouve dans la proportion de 4,5 p. 100 environ, assez difficilement décomposable, car il forme dans le sol un savon calcaire insoluble ; ce n'est pas le cas pour la région centrale où la chaux fait défaut dans le sol, ou n'existe qu'en petite proportion.

Les os dégraissés proviennent des os verts dont on a retiré la graisse pour fabriquer le savon malgache ; ils contiennent environ 25 à 28 p. 100 d'acide phosphorique, correspondant à 54,50 à 61,04 de phosphate tricalcique et de 1 à 1 1/2 p. 100 d'azote qui n'a pu être extrait.

Les os peuvent servir de combustible ; ils perdent en brûlant toute leur matière organique, de là, une perte complète d'azote ; quand l'opération est bien faite, ils titrent alors 40 p. 100 environ d'acide phosphorique, correspondant à 87,2 p. 100 de phosphate tricalcique, et forment la cendre d'os, après pulvérisation.

Ces trois substances phosphatées, pour être utilisées, doivent être réduites en poudre.

Les os n'exigent pas le même degré de ténuité que les phosphates minéraux. En raison de leur contexture et de leur porosité, ils se laissent facilement pénétrer par l'eau, et ils sont dans un état d'agrégation moléculaire offrant moins de résistance aux réactifs qui se trouvent dans le sol et qui mettent l'acide phosphorique à la disposition des racines.

La cendre d'os se broie facilement, mais les os dégraissés,

et surtout les os verts, sont d'une pulvérisation difficile.

A Ivato, on emploie avec succès le broyeur Rohart. Il est assez léger pour être transporté et un homme seul peut le manœuvrer.

Avec cet appareil, un ouvrier peut concasser finement de 2 à 300 kilos d'os par jour.

L'acide phosphorique a sur la végétation une influence capitale : tandis que l'azote procure à la plante une apparence vigoureuse, l'acide phosphorique la fortifie et lui donne de la rigidité et de la résistance. Il augmente surtout la quantité et la pesanteur des graines.

On peut en fournir au sol une provision importante sans craindre de le voir entraîné par les pluies, comme l'azote ammoniacal et nitrique ou la potasse ; en admettant même qu'il soit introduit dans le sol sous une forme soluble, il se combine assez vite au fer avec lequel il forme un phosphate insoluble, qui se dissout sous l'influence de l'acide carbonique, des acides humiques, des sels ammoniacaux, de la potasse et des chlorures, pour être mis à la disposition des plantes. Les racines par leurs spongioles, ont même la propriété d'assimiler le phosphate insoluble.

La moyenne de l'acide phosphorique contenu dans les sols du Betsiléo est de 1 1/2 à 5 pour mille. Dans l'Emyrne, à Ivato, l'acide phosphorique n'existe pas dans certains sols et on n'en trouve que quelques traces dans les autres, mais comme l'acide phosphorique contenu dans le sol n'est qu'en partie directement assimilable et qu'il y a des pertes par entraînement, il faut augmenter la dose à fournir chaque année au sol qui a besoin d'être amélioré. Chaque récolte en prélève 3 kilos 800 par 1,000 kilos de café marchand.

Engrais potassiques.

La potasse est toujours combinée dans les sols avec les acides du terrain. Dans cet état elle est soluble et absorbable par les végétaux, mais, suivant l'acide qui la salifie, elle peut n'avoir qu'une faible utilité en se décomposant plus ou moins facilement, après avoir pénétré dans la plante par les racines.

Si l'affinité de ces deux corps est trop grande, elle pénètre dans le végétal, sans servir à son accroissement.

Les chlorures et les sulfates de potasse sont moins assimilables que le carbonate et le nitrate qui se décomposent plus facilement après leur introduction dans la plante.

Les principales sources de potasse sont :

Le chlorure de potassium ;

Le nitrate de potasse ;

Le sulfate de potasse ;

Le carbonate de potasse.

Les trois premiers sont des engrais chimiques commerciaux, qu'on ne peut trouver à Madagascar, si ce n'est le nitrate de potasse (ou salpêtre) que le gouvernement malgache fabriquait pour faire sa poudre de guerre, et dont il n'était pas vendeur.

On peut se procurer le carbonate de potasse sous la forme de cendres. Ces matières, en effet, contiennent des proportions importantes de potasse dont la teneur varie d'après la plante ou l'arbre qui les a produites.

Deux sortes de cendres se rencontrent dans l'Emyrne : la première est fabriquée dans la forêt, en brûlant certains arbres très riches en potasse. Le produit obtenu est utilisé par le Malgache, dans la fabrication du savon, pour saponifier la graisse.

La deuxième espèce de cendres est répandue dans tout le

pays : c'est le produit de la combustion des herbes utilisées au chauffage domestique, qui croissent sur tous les terrains incultes du plateau central. Ces herbes servent à la nourriture des bœufs, quand elles sont encore tendres, et elles sont employées comme combustible quand elles ont acquis tout leur développement. Elles seraient alors trop dures pour les animaux.

Elles fournissent une cendre qui nous a donné à l'analyse, par 100 kilos :

Acide phosphorique...................... 0 kil. 320
Potasse................................ 0 kil. 898

Les terres de l'Emyrne, comme tous les sols argileux, sont très riches en potasse ; chaque 1,000 kilos de café en enlève au sol 19 kil. 5.

Engrais calcaires.

La chaux fait partie de la constitution des terres arables ; elle agit comme amendement, en modifiant l'état physique du sol, et comme engrais, en fournissant un aliment aux plantes.

Si, en effet, on met de la chaux vive en contact avec des matières végétales, elles sont rapidement attaquées et décomposées. Le même effet se produit dans le sol ; les matières organiques, sous l'influence de la chaleur et de l'humidité, sont transformées en humus. Plusieurs de ces matières sont d'une décomposition lente et difficile, qui est activée par la présence de la chaux.

Elle produit aussi une action directe et presque immédiate sur les terrains humifères où l'humus se trouve à l'état acide. Elle rend le sol apte à nitrifier. Elle transforme en outre les éléments minéraux du sol, favorise la dissociation des silicates et met à la disposition des plantes de la silice à l'état libre et des alcalis. En un mot, elle accélère l'assimilation des principes en réserve dans le sol, c'est ce qui a fait dire : les chaulages enrichissent le père et ruinent les enfants.

Répandue sur le sol, elle agit rapidement, mais au bout d'un certain temps elle se modifie, perd sa causticité et se transforme en carbonate de chaux, dont les effets se font sentir pendant plusieurs années. Dans cet état elle ne jouit plus au même degré de la propriété de désagréger les matières organiques, ni d'activer la végétation.

Sur le plateau central, l'emploi de la chaux donne de très bons résultats, surtout dans les terrains riches en humus.

Un champ de cannes à sucre, planté en terre vierge un peu humifère, à Ivato, et qui avait été chaulé, a donné une récolte abondante, tandis que dans le champ voisin de même composition, et non chaulé, les cannes n'ont pas donné le même résultat.

Nous croyons qu'une addition de chaux à l'état caustique n'est pas utile au caféier, si on donne au terrain des phosphates de chaux, sous forme d'os concassés. Dans le phosphate de chaux, l'acide phosphorique est combiné à trois équivalents de chaux. On peut donc fournir, par cette simple adjonction, la chaux nécessaire à son alimentation, car le grain en consomme peu, et c'est le produit qui est exporté.

Après plusieurs années de culture, quand la caféière aura reçu de nombreux engrais et que la chute des feuilles aura fourni une couche d'humus, il se peut qu'un chaulage donne de bons résultats.

On trouve de la chaux près de Tananarive, où il existe une importante carrière qui a été mise en exploitation par MM. Iribe et Florens. C'est un calcaire cristallisé, qui titre jusqu'à 93 p. 100 de carbonate de chaux; mais toute la masse n'a pas cette teneur : plusieurs bancs sont siliceux et fournissent une chaux impropre à la construction, qui sera très utile à la culture.

FUMIER DE FERME

Sa production.

La plupart des matières organiques utilisées comme engrais ne renferment ordinairement que quelques-uns des principes nécessaires à l'alimentation végétale et, employées seules, elles ne peuvent assurer et maintenir la fécondité d'une terre pendant un long temps.

Ou bien ces matières se décomposent spontanément, ce sont alors des engrais chauds, ou leur décomposition ne se fait sentir qu'après un temps assez long, et on les appelle alors engrais froids.

Le fumier, au contraire, participe de ces deux qualités ; il apporte en outre à la plante, de l'humus, de l'azote et des substances minérales ; c'est donc un engrais mixte et complet et il doit être la principale source de matière fertilisante.

L'azote s'y trouve sous trois formes : ammoniacal, nitrique et organique. Dans les deux premiers états il est soluble et agit assez vite sur la végétation. Dans le troisième état, son effet est moins immédiat, mais il se maintient plus longtemps.

La composition varie suivant les proportions de litière qui ont été ajoutées aux déjections, la qualité de la litière qui absorbe et retient plus ou moins bien les parties liquides, et la nature des aliments donnés aux animaux.

Voici l'analyse que nous avons faite de nos fumiers d'Ivato, les herbes ayant servi de litière :

$$\text{Pour 1,000 kilos...} \begin{cases} \text{Azote} & \text{3 kil. 26} \\ \text{Acide phosphorique....} & \text{traces} \\ \text{Potasse} & \text{3 kil. 78} \\ \text{Chaux} & \text{10 kil. 5} \end{cases}$$

Ce fumier desséché à 100° a perdu 47 0/0 de son poids ; à l'état sec il titre :

$$\text{Pour 1,000 kilos...} \begin{cases} \text{Azote} & \text{5 kil. 96} \\ \text{Acide phosphorique...} & \text{traces} \\ \text{Potasse} & \text{7 kil. 13} \\ \text{Chaux} & \text{19 kil. 81} \end{cases}$$

Ce fumier n'est pas très riche, surtout en acide phosphorique ; il est donc nécessaire d'adjoindre à sa masse des engrais complémentaires.

Presque partout en Europe, et à plus forte raison aux colonies, on néglige la préparation du fumier ; on ne l'apprécie pas à sa juste valeur et on en perd des quantités importantes.

Les matières premières qui forment les fumiers sont les excréments solides des animaux, leurs urines et la litière destinée à absorber ces liquides.

Les propriétés varient suivant les animaux qui ont concouru à sa formation.

Le fumier de cheval fermente et se dessèche rapidement ; il est plus riche en azote et il réussit bien dans les terres argileuses.

Celui de mouton est très énergique, on l'emploie dans les terres légères ; celui de porc, le plus azoté, est froid.

Produisant peu ces trois espèces de fumiers à Madagascar, nous ne nous en occuperons pas.

Le fumier des bêtes à cornes, quoiqu'un peu froid, convient aux terres du plateau central, surtout quand il a été enrichi et qu'il est très consommé ; il conserve mieux l'humidité du sol.

Les fumiers d'Ivato sont produits par un troupeau de bœufs qui paissent pendant le jour et rentrent chaque soir à l'écurie. De cette façon, on perd les déjections de la journée, mais le système est plus profitable que celui de la stabulation permanente qui serait impraticable, l'herbe n'étant ni assez haute, ni assez dure pour être fauchée.

Pour faire la stabulation permanente, il faudrait créer des prairies en travaillant la terre et en faisant une forte dépense. On ne peut employer ce système que pour les bœufs d'attelage qui travaillent le jour et qui doivent être mieux nourris ; aussi, le fumier qu'ils produisent est-il plus riche.

Par la méthode du pâturage, nous ne récoltons que l'engrais de la nuit, mais comme les terrains ont peu de valeur et que les bœufs sont d'un assez bas prix, nous n'avons aucun intérêt à créer des prairies : on double les troupeaux et les terres à faire pacager.

Nos fumiers ne nous coûtent que l'intérêt du capital mis dans l'achat des bœufs, la perte de quelques-uns d'entre eux, les gages du bouvier, la coupe des litières et l'enlèvement de l'écurie.

On peut aussi, pour augmenter la production de l'engrais, faire ramasser par des enfants ou des femmes les déjections laissées sur les pâturages par les animaux. Quand on en obtient suffisamment pour fumer la plantation, il vaut mieux les laisser sur place, en les faisant épandre, ce qui améliore le sol.

Une écurie économique se compose d'un trou de 2 m. 50 de profondeur, dans le fond duquel on place de la litière, et où chaque soir on fait entrer les animaux. Autant que possible, elle doit être couverte pour empêcher les litières de se laver pendant la saison des pluies.

Quand la première litière a été transformée en fumier par les animaux, on la recouvre d'une seconde couche, et on opère ainsi jusqu'à ce que le tas monte à 1 mètre. Cette hauteur atteinte, on procède à l'enlèvement du fumier pour le mettre en tas et à l'abri ; puis on recommence à nouveau.

Le fumier, dans les pays chauds, fermente vite et se conserve peu ; il faut donc le tenir à l'abri. Les rayons du soleil

le dessèchent et il perd son ammoniaque dans l'air ; la pluie le
lave et entraîne avec elle les sels solubles.

Les meilleurs matériaux pouvant servir de litière seraient
les pailles de riz ; comme elles coûtent fort cher, il est préférable de les faire manger par les animaux pendant la saison
sèche.

Les grandes herbes qui poussent sur toutes les montagnes,
que les bêtes trouvent trop dures, et les joncs de tous les
marais sont de très bonnes litières ; ils absorbent assez bien
les urines quand ils sont séchés. On trouvera cette herbe dans
tout le plateau central, et si l'on en manquait, on pourrait
employer des branches d'arbre, des feuilles, des fougères
et même de la tourbe qu'on aura fait sécher auparavant.

Chaque animal donne par ce procédé environ 6,000 kilos
de fumier consommé par an, c'est-à-dire la moitié à peu près
de ce qu'il produirait s'il était nourri à l'étable. Un mètre cube
de fumier à l'état frais pèse environ 500 kilos, tandis que,
quand il est consommé, il peut atteindre 800 kilos pour le
même volume.

D'après l'analyse qui précède, nous voyons que ces
fumiers ne renferment pas des proportions importantes de
matières nutritives ; il est donc bon de les enrichir par des
engrais complémentaires. A cet effet, on jette sur la litière
au moment où l'on vient de l'épandre, ou bien quand on met le
fumier en tas et à l'abri, une certaine proportion de produits
azotés, phosphatés et potassiques. Nous nous servons à Ivato
de laines, d'os et de cendres.

En connaissant la teneur de ces matériaux, un simple
calcul permet d'établir ce qu'il faut ajouter au fumier qui a
été analysé pour obtenir le titrage de l'engrais à affecter au
caféier.

Conservation.

L'urée et l'acide hippurique des urines, au contact de l'air se transforment en ammoniaque qui se dégage dans l'atmosphère si le fumier est sous une faible épaisseur. Il faut donc le mettre en tas pour le faire fermenter et obtenir les produits humiques qui s'opposent au départ de l'ammoniaque en se combinant avec lui.

Les tas ne doivent pas dépasser deux mètres de hauteur et il faut les couvrir afin d'éviter que cette ammoniaque et les parties solubles soient entraînées par les eaux pluviales. D'après les expériences de Müntz et Girard, le fumier en tas, à l'air libre, perd 30 p. 100 de l'azote qu'il contient primitivement. A l'abri, la perte n'est que de 14 p. 100 ; tandis que, à l'abandon, sous une faible épaisseur, 64 p. 100 de son azote disparaissent.

Il faut, en outre, qu'il soit placé sur un sol imperméable et légèrement incliné, de manière à ne pas perdre le purin qui en découle et qui doit servir à l'arroser. Ce purin est très riche en azote, acide phosphorique et potasse.

On peut enrayer ces pertes d'ammoniaque en ajoutant diverses matières telles que le sulfate de fer, le plâtre, ou en acidifiant les urines par l'acide sulfurique ; ces produits n'existent pas à Tananarive et leurs prix de transport et d'achat en interdisent momentanément l'emploi.

Un moyen peu coûteux est d'alterner des couches de terre végétale et de fumier à mesure que le monticule s'élève. Nous avons vu que la terre en général, et surtout la terre argileuse, s'empare de l'ammoniaque ; elle s'oppose à ces pertes et la nitrification commence à s'établir avant de se faire dans le sol.

C'est en élevant le tas qu'on lui ajoute par lits successifs les pulpes et les parches, quand on veut les mélanger au fumier. Quand les matières azotées, phosphatées et potassiques n'ont pas été mélangées aux litières dans l'écurie, sous les pieds des animaux, on l'enrichit alors de ces produits. On laisse ensuite fermenter et l'on arrose pendant la saison sèche, de temps à autre, pour activer cette fermentation et faire un fumier très consommé, qui, dans cet état seulement, peut servir à la fumure du caféier.

Compost.

Quand les fumiers font défaut, on peut, à l'aide des produits complémentaires et incomplets, former un engrais complet qui peut les remplacer. Sur un terrain imperméable on place des branches, des herbes, des feuilles ou des joncs et on fait des lits successifs en y ajoutant de la terre, des matières azotées, phosphatées et potassiques dont on connaît les dosages.

Par un calcul de proportions, on obtient l'engrais au titre voulu : on fait un premier arrosage du tas avec de l'eau et on laisse fermenter en l'arrosant, de temps en temps, avec le jus qui en découle ; la fermentation est poussée jusqu'à parfaite décomposition. On peut aussi y incorporer de la chaux vive qui aide à la désagrégation des végétaux qu'on emploie, mais en petite quantité, car elle chasse l'ammoniaque qui se forme dans la transformation des matières azotées.

Action des engrais.

La vie d'une plante se divise en trois périodes :

1° La germination, pendant laquelle la plante vit aux dépens de la graine ;

2° La période foliacée pendant laquelle elle absorbe les é'éments de l'air et du sol pour en former sa substance propre ;

c'est le moment où la plante croît et accumule dans ses organes les éléments qui concourent à la formation du fruit ;

3° La fructification, pendant laquelle la plante ne puise plus rien dans le sol et met en activité les matériaux accumulés qu'elle répartit dans le fruit, les branches, les feuilles et les racines.

Ces dernières rejettent alors quelques-uns des principes qu'elles avaient absorbés.

Pendant la deuxième période, les racines des plantes, en cheminant dans la partie de la couche arable, vont chercher les substances nécessaires à leur existence, qu'elles absorbent et éliminent pendant la troisième période.

Ces matières peuvent être solubles ou insolubles.

Dans le premier état, les principes fertilisants des engrais sont plus actifs, ils se diffusent plus facilement dans le sol, et quand celui-ci est suffisamment ameubli, les eaux du sous-sol, en remontant à la surface par l'évaporation, les répartissent également ; les pluies, au contraire, les refoulent dans la couche profonde. Ce mouvement continuel les fait circuler et les racines s'en emparent.

Pour être assimilables tous les principes n'ont pas besoin d'être solubles : les racines ont encore la propriété de les utiliser pour l'alimentation de la plante, en les transformant.

Quand l'engrais est soluble, on peut quelquefois redouter qu'il soit entraîné ou qu'il s'évapore avant que la plante ait pu en bénéficier et, s'il est en excès, il peut faire mourir la plante de pléthore.

A l'état insoluble, il met, suivant les matières, un temps plus ou moins long à se décomposer, et la plante peut quelquefois mourir d'inanition.

Pour que les engrais produisent un effet utile, il faut qu'ils soient employés avant les pluies. Dans la sécheresse ils sont inactifs.

Ils se conservent mieux et plus longtemps dans les terres argileuses, mais elles en réclament une quantité plus grande.

PÉPINIÈRES

Pour établir une pépinière, il faut autant que possible choisir une terre franche. Dans un terrain sablonneux, les grains de café peuvent se dessécher avant la germination ; ou bien, s'ils parvenaient à germer, la dessiccation des premières racines arrêterait la croissance de la plante, à moins qu'on puisse faire des arrosements abondants et fréquents.

D'un autre côté, comme tous les terrains sableux de l'Emyrne ont une couleur plus ou moins blanchâtre, les cotylédons ou les premières feuilles seraient grillés par la réflexion du soleil.

Les terrains argileux sont trop compacts, leur dureté serait un obstacle au cheminement des petites radicelles ; en retenant outre mesure l'humidité, ils arrêteraient le développement de la plante ; souvent le grain pourrirait avant de germer, ou bien ce seraient les racines. Ils auraient aussi un grave inconvénient : celui d'exiger des travaux de culture trop difficiles.

Les terrains humifères doivent toujours être rejetés dans la création d'une pépinière ; leur acidité brûle la graine qui ne peut lever.

Les meilleurs sols sont donc les terres argilo-sableuses ou argilo-sablo-ferrugineuses, profondes et drainant bien. La couche arable doit avoir été cultivée et exposée quelque temps au contact de l'air et à l'action des agents atmosphériques. Tous nos essais de pépinières en terre vierge nous ont donné de mauvais résultats. Elle doit être d'une fertilité moyenne, car, si le terrain est trop riche, les petits caféiers qui ont pris, pendant qu'ils sont en pépinière, une nourriture abondante et un certain développement, subissent un arrêt dans leur accroissement, lorsqu'ils sont transportés dans une terre plus pauvre, et ne peuvent plus maintenir leur existence dans toutes leurs parties. La transplantation diminue dans ce cas leur action vitale et le nombre des racines au lieu de l'augmenter.

Nous verrons par la suite que le petit caféier est d'abord transplanté dans une pépinière d'attente, ayant un sol d'une composition à peu près semblable à celui où il doit être définitivement mis en place. Il y subit une première acclimatation et fait des racines, tout en recevant les arrosements nécessaires à son existence, lesquels ne pourraient lui être donnés sur un terrain de grande étendue, sans que cela devienne trop onéreux.

Exposition et situation.

Une pépinière doit autant que possible être placée à l'abri des vents d'est, au bas et sur la première pente d'une vallée, pour se trouver à proximité de l'eau qui est indispensable pour les arrosements.

Préparation du sol des pépinières.

Pour créer une pépinière, la première chose à faire est de défoncer le sol à 30 centimètres de profondeur. Un seul bêchage suffit, si le terrain est assez ameubli par les travaux précédents.

Dans le cas contraire, il faudra donner au sol une deuxième façon, à quelques jours d'intervalle, et le débarrasser, s'il y a lieu, des pierres et des racines; puis on le divise en planches de 1 m. 50 de largeur, espacées entre elles par de petits sentiers de 30 centimètres pour permettre l'arrosement et l'extraction des mauvaises herbes, sans entrer dans la partie plantée. On doit donc surélever un peu ces plates-bandes, en les bombant, pour faciliter l'écoulement des eaux de pluie par les petites allées qui doivent être dans le sens de la planche.

Au premier bêchage on a eu le soin de fumer la terre, de préférence avec du terreau, ou des fumiers de porc et de mouton, très consommés, additionnés de cendre et de poudre d'os, à la dose de 20,000 kilos à l'hectare environ. Cet engrais se trouvera assez facilement, mais en petite quantité, dans les villages malgaches qui avoisineront toujours les propriétés; autant que possible, il ne faut jamais employer de fumier pailleux. Il nuit au développement du pivot qui se bifurque.

Après le labour, on égalise la surface de la planche au moyen du râteau.

Époque des semis.

Le café conserve assez longtemps ses facultés germinatives; il peut être semé depuis le mois d'août jusqu'au mois de mars, et même pendant la saison froide; il germera toujours si le sol est bien préparé, pourvu qu'il soit arrosé. Nous estimons néanmoins que les semis doivent surtout avoir lieu en août et septembre.

Il est essentiel de prendre les grains de semence sur les caféiers adultes, vigoureux et bien constitués, sur lesquels on n'aura laissé que la moitié de leur production ordinaire de cerises, qui seront récoltées à leur parfaite maturité, quand la baie aura pris la teinte brune. On enlèvera la pulpe en conservant la parche et l'on fera sécher à l'ombre (1). Puis on les triera en prenant les fèves les mieux formées et les plus grosses, et en éliminant les grains ronds. Il faudra éviter de se servir des grains tombés naturellement qui sont bien inférieurs aux fruits récoltés sur l'arbre.

On procédera alors au semis ; avant cette opération, on mettra les semences dans l'eau pendant vingt-quatre heures pour les faire gonfler un peu et activer la germination, en ayant soin de retirer toutes celles qui monteraient à la surface.

On peut aussi semer la graine entourée de sa pulpe ; nous n'avons pas vu de différence dans nos essais, si ce n'est que, dans cet état, il lui faut quelques jours de plus pour lever ; l'enveloppe charnue qui entoure le grain met un temps plus long à se décomposer. En outre, comme les fèves sont accolées deux à deux, dans la baie, les racines s'enchevêtrent et sont plus difficiles à être séparées sans les rompre, lors de la transplantation.

Semis en place.

L'ensemencement peut aussi se faire en place, comme dans certains pays ; il consiste à semer les graines à poste fixe, dans les trous préparés ; le jeune plant ne subit ainsi aucune transplantation.

Cette manière de procéder offre des avantages et des inconvénients : d'abord, on ne court pas le risque de casser le pivot, de briser ou d'écorcher les petites racines pendant la transplantation ; par contre, il est bien plus difficile de faire des arrosements sur une grande étendue de terrain, que sur une pépinière qui occupe un espace relativement restreint.

Dans les pays où l'on redoute les cyclones, le caféier semé sur place y offre plus de résistance ; son pivot s'enfonce

(1) Si l'on sème immédiatement après la récolte, il est inutile de faire sécher la baie ou le grain.

profondément en terre. Les caféiers qui ont été mis en pépinière d'attente sont un peu retardés dans leur développement, mais le repiquage fait naître une plus grande quantité de racines, nommées chevelues, qui contribuent à leur reprise quand on opère la transplantation définitive, et quelques années après ils sont beaucoup plus vigoureux.

Si l'on sème en place, dans la saison des pluies, les caféiers lèvent, mais ils ne sont pas assez forts pour supporter les mois de sécheresse qui succèdent. Nous avons fait cet essai et nous n'avons pas sauvé dix pieds sur cent, quoique tous les semis aient été recouverts, soit par des petites nattes de quarante centimètres de côté, placées sur quatre piquets, soit par des fougères, ce qui est préférable. Nous ne conseillerons donc pas ce système dans les terrains non ombragés.

Semis en pots.

Dans certains pays, à Bourbon notamment, on sème à deux centimètres de profondeur, trois grains de café, l'embryon placé en bas, dans une petite corbeille en jonc ou en paille qu'on abrite ; après la levée des petits caféiers, et quand ils ont six feuilles, on enlève les deux pieds qui paraissent les moins beaux et on conserve celui qui reste.

Quand il a atteint $0^m,30$ à $0^m,40$ centim. de hauteur, on transporte le plant avec la corbeille, qui commence à se décomposer, dans le trou où le café doit être planté, après avoir eu le soin d'éventrer cette corbeille pour permettre aux racines de s'étendre.

Comme pour les semis en place, cette méthode permet de ne pas endommager le pivot ni de briser les racines ; mais les arbres ne se sont pas fortifiés par la pépinière d'attente et l'achat des corbeilles, ainsi que les manipulations, augmentent sensiblement le prix de la plantation.

Ce système peut être très bon pour une petite exploitation, mais nous ne le conseillons pas pour une grande caféière.

Semis en planches à la volée.

Le semis en planches à la volée, avec plantation en pépinières d'attente, est celui qui, à Ivato, nous a donné les meilleurs résultats. C'est le moins coûteux et le seul à pratiquer dans une propriété un peu importante.

Quand le terrain a été préparé comme nous l'avons indiqué, on creuse la planche dans le milieu, en ramenant avec le râteau la terre de chaque côté des petites allées, et on égalise la surface ; on prend alors une poignée de grains qu'on sème sur les bords, afin que la graine ne se perde pas dans les sentiers, puis on ensemence le milieu de la planche ; on peut semer 250 à 300 grains au mètre carré. On ramène alors la terre des deux bords sur la plate-bande, de façon à la recouvrir de trois centimètres dans les terrains un peu sableux et de deux centimètres dans les terrains argilo-sablonneux ; puis on foule la terre avec les pieds ou avec une planche à plat. En même temps, on étend sur le semis une couche de paille ou d'herbe pour maintenir la fraîcheur à la surface du sol, empêcher qu'il se fendille et qu'il se forme une croûte dure que la plante ne pourrait percer.

On pratique alors des arrosements qui doivent se répéter fréquemment jusqu'à la saison des pluies, en évitant de les faire aux heures de plein soleil : les feuilles se dessécheraient et l'arbre périrait.

Il faut également songer à abriter ces semis des rayons solaires, car il n'existe que fort peu d'arbres dans l'Emyrne ; on ne trouvera généralement pas d'ombrage dans les propriétés futures qui seront exploitées par les colons et qui seront pour la plupart des terres incultes et dénudées. Il faudra donc créer des ombrages artificiels.

Pendant cinq ans, nous avons essayé quels pouvaient être les meilleurs abris contre le soleil qui, sans cette précaution, grillerait le jeune caféier à sa sortie de terre, au moment où les premières feuilles se développent.

Pour cette première pépinière, nous avons adopté une espèce de jonc assez gros, et rigide quand il est sec, appelé zozoro, que les Malgaches adaptent les uns à côté des autres, en les reliant entre eux et qui leur servent généralement de portes pour leur habitation.

Ces portes en zozoro, de 1^m,80 de long sur 0^m,90 de large, sont placées sur des piquets en bois fourchus sur lesquels on a assujetti des perches qui forment un cadre pour les soutenir à 0^m,40 environ au-dessus du sol : elles protègent les petits caféiers du soleil trop ardent, tout en laissant passer l'air. Ces abris sont les plus économiques, et leur prix est peu élevé.

Les arrosements se font sur ces portes en zozoro qui laissent passer l'eau par les interstices qui existent entre chaque jonc.

En en prenant soin et en les relevant quand le vent les abat, elles durent environ une année et on les utilise après comme litière pour les animaux.

La pépinière doit être arrosée tous les deux jours. Lorsque les plants sont assez grands, à l'apparition des premières feuilles (nous ne parlons pas des cotylédons), on arrache la mauvaise herbe sans casser les racines, afin qu'elle ne repousse pas. Cette opération se renouvelle plusieurs fois avant la transplantation en pépinière d'attente et au fur et à mesure de l'envahissement des caféiers par les plantes adventives.

Il faut qu'une pépinière soit toujours tenue dans un état parfait de propreté pour ne pas nuire au développement des jeunes pousses de caféiers.

Nous n'avons jamais eu à redouter les insectes qui, dans certains pays, dévorent les grains de café.

Pépinières d'attente.

Lorsque les caféiers ont été semés en août ou septembre, ils lèvent au bout de deux mois. Les radicules s'enfoncent en terre, le pivot se forme, et autour de cet axe naissent des radicelles. Une tigelle apparaît alors au-dessus du sol, portant la graine dans laquelle se trouve les deux cotylédons, qui se déroulent et s'ouvrent en deux feuilles arrondies.

Quelque temps après, de la gemmule sort une petite tige qui, plus tard, supportera les branches et les feuilles.

Au mois de décembre, la petite plante a ses deux cotylédons épanouis, qu'elle perd bientôt, et quatre feuilles. Le pivot peut avoir, suivant les terrains, de vingt à trente centimètres ; il n'est pas encore endurci.

Nous sommes dans la saison des pluies ; il faut en profiter pour faire le repiquage dans la pépinière d'attente, qui doit autant que possible être rapprochée de la première, pour éviter des frais de transport.

Le sol a été préparé en planches, comme pour les semis à la volée. On trace des rayons à dix centimètres de distance, et on repique les petits caféiers, en les prenant le plus possible avec la terre qui adhère aux racines.

Après avoir eu le soin de rejeter ceux qui ne sont pas d'une belle venue, on plante les autres le long des sillons, à dix centimètres environ les uns des autres de façon que les petites radicelles les plus élevées se trouvent enfoncées à deux centimètres environ de la surface du sol.

En s'y prenant ainsi, on peut planter 250,000 pieds dans un hectare de pépinières, en ne tenant pas compte de l'espace nécessaire aux chemins.

A cette époque, la tige est encore très tendre, et le soleil, très chaud à ce moment de l'année, pourrait les griller si on

ne les couvrait pas. Le procédé le moins coûteux, consiste à
se servir de fougères dont les tiges sont plantées dans le sol
de chaque côté de la ligne, et dont les feuilles recouvrent
chaque plant. Après cette opération, on arrose immédiatement et on continue chaque jour, s'il n'y a pas de pluie.

En repiquant, l'ouvrière doit veiller à ne pas recourber le
pivot en l'enfonçant en terre et à ne pas écorcher ou arracher
les petites racines. Il faut autant que possible qu'elle les
replace dans leur position primitive et, cela fait, qu'elle tasse
légèrement la terre avec ses mains tout autour de la petite
tige.

A la fin de la saison des pluies, le caféier est assez fort
pour supporter le soleil des mois de sécheresse, et on n'a
plus à le couvrir ni à l'arroser. On laisse les fougères se
décomposer d'elles-mêmes sur le terrain.

Tous les travaux des pépinières (si ce n'est la préparation
du sol) ainsi que ceux de la mise en place définitive du caféier,
doivent être faits en régie. On ne saurait trop les surveiller ;
un travail à la tâche donnerait de mauvais résultats.

Quand la propriété est assez grande, il est nécessaire
d'avoir plusieurs pépinières sur différents points, afin d'éviter
un transport trop coûteux au moment de la transplantation
finale.

Il est bon de faire un semis chaque année afin d'avoir toujours des petits caféiers pour remplacer les arbres morts.

PRÉPARATION DU SOL

En créant les pépinières, on doit en même temps s'occuper du sol où l'on établira la caféière.

La plantation se fait en pots ou potets, c'est-à-dire dans des trous.

Dans certains pays où l'on cultive le café, on le plante dans des trous qui ont 30 ou 40 centimètres, seulement de profondeur. Nos expériences ont condamné ce système dans l'Emyrne.

Après avoir fait arracher à Tananarive des caféiers de 35 ans, en plein rapport, plantés par M. Laborde, nous avons constaté que le pivot pénétrait à 1 m. 10 environ dans le sol, ce qui nous a déterminé à creuser des trous carrés de 1 m. 20 de profondeur et 1 m. 20 de côté, pour permettre aux racines de se développer dans un terrain meuble et empêcher le pivot de se recourber, au moment où il toucherait un terrain trop compact et qu'il ne pourrait percer, ce qui entrainerait irrémédiablement la mort du caféier (1).

Les trous sont creusés quelques mois après les semis, à partir du mois de décembre, jusqu'à la fin de la saison des pluies ; à cette époque, le prix de revient est moins élevé, on trouve plus facilement des indigènes pour entreprendre ce travail que pendant la saison sèche, où la terre n'ayant pas encore été remuée est plus dure.

Il est très utile de faire creuser les trous un an avant la

(1) Il est probable que ces caféiers avaient été transplantés, et dans cette opération la pointe du pivot est presque toujours cassée ; s'ils avaient été semés sur place, le pivot se serait enfoncé plus profondément.

transplantation ; le terrain s'améliore et se mûrit sous l'influence de l'air et des pluies ; les produits alimentaires de la plante, qui se trouvent dans le sol, dans des combinaisons insolubles, se solubilisent et elle peut alors se les assimiler.

Quand la terre a passé une année au contact de l'air, un peu avant le mois de décembre on jette au fond des trous du gazon, des pailles, des plantes diverses pour l'alléger ; puis on comble ces potets en plaçant la terre qui se trouvait sur le sol dans le fond du trou, et celle de dessous à la surface.

On a eu soin de mélanger à la terre, environ vingt litres de fumier consommé et enrichi de cendres et de phosphate d'os, ce qui fait 50 mètres cubes à l'hectare en comptant les arbres d'abri, et de laisser un petit poquet au milieu du trou pour placer le jeune caféier.

On procède alors à la transplantation.

Suivant les régions, on conserve une distance plus ou moins grande entre les pieds de caféiers ; cela dépend de l'altitude de la plantation et de la vigueur des arbres.

Dans les pays très chauds, on plante en ligne à deux mètres de distance en tous sens. Dans les régions montagneuses, on peut augmenter cette distance et la porter jusqu'à quatre mètres.

Comme nous pratiquons à Ivato la taille à basse tige dont nous parlerons plus loin, nous avons adopté la distance de deux mètres, et, si les plants sont gênés, nous supprimerons une rangée sur deux ou sur trois quand le besoin s'en fera sentir.

Nous bénéficierons ainsi pendant les premières années des récoltes des caféiers qui seront arrachés plus tard.

En plantant à deux mètres de distance en tous sens, et réservant autour de l'hectare une rangée d'arbres d'abri, nous avons 49 lignes dans chaque sens, ce qui fait 2,401 caféiers à l'hectare.

Le creusement des trous est une des principales dépenses

de l'exploitation. Cette opération doit se faire principalement
à l'entreprise, en contrôlant au moyen d'une perche si chaque
trou est bien creusé à la profondeur voulue.

Utilité des grands trous.

Les terres de l'intérieur de Madagascar étant argilo-siliceuses, et le plus souvent argileuses, sont compactes, tenaces
et dures quand elles n'ont pas encore reçu un premier travail ;
aussi, dans un tel milieu, les racines des plantes ne peuvent
pénétrer ; elles n'arrivent pas à se développer, ce qui nuit à
la végétation aérienne.

Nous avons vu en 1886, à Ambohipo, dans la propriété de
la mission catholique, quelques caféiers qui venaient d'être
arrachés. Ces arbres avaient été plantés dans des trous de
40 centimètres de côté environ ; le terrain était très dur et
toutes les racines étaient enroulées autour du pivot ; elles
s'étaient développées dans le peu de terre meuble qui était à
leur disposition, sans pouvoir percer le terrain en place qui
n'avait pas été remué ; pendant les trois ou quatre premières
années l'arbuste avait donné de belles espérances, puis la
végétation s'était arrêtée, et la plante avait dépéri.

Si le caféier avait été placé dans un trou plus grand et
plus profond, les racines auraient difficilement atteint la
partie dure du terrain, et, en admettant qu'elles y fussent
parvenues, le sol étant plus humide à une certaine profondeur
qu'à la surface, la dureté n'aurait pas été aussi grande ; les
racines trouvant un obstacle moindre se seraient étendues en
se ramifiant. En parcourant un espace moins limité elles
auraient absorbé une dose considérable de principes nutritifs.

Si les engrais sont placés dans un terrain meuble, les racines
pourront les utiliser, car la terre est plus poreuse et plus

divisée et les pluies la pénétreront plus profondément. Cette eau aspirée par les racines circule dans l'intérieur des tissus de la plante et l'aide à former sa propre substance.

Un terrain meuble a un pouvoir absorbant bien plus considérable qu'une terre non travaillée, il condense alors plus facilement les produits ammoniacaux et les racines sont plus aérées ; les parties souterraines de la plante ont autant besoin d'air que les parties foliacées. Sans lui, les racines ne peuvent vivre ; il sert en outre, comme nous l'avons déjà dit, à rendre assimilables, en les oxydant, les éléments fertilisants, minéraux ou organiques qui se trouvent dans le sol. Il produit la conversion en nitrate des matières organiques azotées. Plus le trou sera grand, plus grande sera la masse de terre au contact de l'air et, par suite, plus forte sera la quantité d'aliments rendus assimilables ; comme cette oxydation est très lente, l'effet produit sera en raison directe de la durée du contact de la terre en présence des agents atmosphériques.

MISE EN PLACE

Comme nous l'avons dit plus haut, les transplantations doivent se faire au commencement de la saison des pluies. Celles qui sont exécutées en décembre et janvier réussissent bien mieux que celles faites en février et mars. Le plant a le temps, pendant trois ou quatre mois de pluie, d'émettre de nouvelles racines ; il est mieux repris et supporte mieux les mois de sécheresse.

Si donc le caféier est semé en août ou septembre, il est placé en pépinière d'attente en décembre de la même année, et l'année suivante en décembre et janvier (décembre de préférence) il est mis en place définitivement. Les deux premières branches latérales commencent à naitre, et la tige mère a déjà 8 ou 10 feuilles. Sa hauteur est de 15 à 18 centimètres et le pivot a environ 30 centimètres.

On choisit autant que possible un temps couvert, on amollit la terre par un arrosement, si cela est nécessaire, et au moyen d'une fourche à six branches on enlève, avec la terre adhérente aux racines, chaque plant qui a été placé, comme nous l'avons dit, à 10 centimètres en tous sens de ses voisins. On le transporte alors dans des paniers (sobika) à l'endroit où il doit être planté.

En enlevant le plant, il faut avoir le soin de ne pas toucher aux radicelles ; quant à la pointe du pivot, elle est presque toujours cassée, car on ne peut enlever une hauteur de terre égale à la longueur du pivot qui dépasse toujours la petite motte. Il vaut mieux dans ce cas le tailler en biseau avec un couteau bien aiguisé; cela l'empêche de pourrir, ce qui pourrait lui arriver si la section n'était pas très nette.

Après le transport sur les lieux de la plantation, chaque plant est approché de son trou : les planteuses — ce travail est fait par les femmes qui sont plus soigneuses et ont la main plus légère — le mettent dans le potet en étalant bien les racines qui peuvent dépasser la motte et en veillant à ce que le pivot ne soit point recourbé, ce qui ferait mourir le plant, ou qu'il ne prenne pas la forme d'un S, ce qui entraînerait un retard, rendrait le caféier débile et amènerait souvent une mort lente.

On fait ensuite tomber la terre de chaque côté de la motte qui est enterrée de manière que le collet ne soit pas à plus de 2 ou 3 centimètres au-dessous de la surface du sol, et avec les mains on appuie légèrement la terre.

Il faut alors couvrir le jeune pied pour le préserver du soleil; sans couverture, le caféier meurt infailliblement; on n'en sauve pas dix pieds sur cent. Avec le système que nous employons, nous parvenons à faire prendre 90 p. 100 des pieds plantés.

Chaque plant de café est entouré de quatre à six branches de fougère dont la tige principale est enfoncée dans le sol : c'est celle que le Malgache appelle fougère femelle (ampanga-vavy). Les petites feuilles sont plus larges et tiennent mieux que celles de la fougère mâle (ampangalahy).

En raison de la structure de la feuille, le soleil est tamisé et la plante ne manque pas d'air.

Dès la première année, les branches de caféier percent cet abri, la fougère se décompose au moment où le plant n'a plus à craindre les rayons du soleil, et ses débris tiennent encore la terre fraîche pendant quelque temps. Elle est préférable à la feuille du bananier. La fougère croît en abondance sur certains points de l'Émyrne. Nous recommandons tout spécialement ce genre d'abri qui est économique et durable.

Quand la plantation est achevée, malgré toutes les précautions prises, il y a toujours des plants qui se dessèchent ou qui pourrissent. On les remplace avant la fin de la saison des pluies.

ENTRETIEN DE LA PLANTATION

Les plants de café doivent être cultivés pendant quatre ou cinq ans au moyen de travaux faits en temps opportun, qui ont pour but de débarrasser le sol des mauvaises herbes et de l'ouvrir aux influences atmosphériques. A cet effet, on donne dans les pays où la végétation est très exubérante, de quatre à six façons par an. Dans l'Émyrne, sur les terrains de montagnes, un binage et un sarclage suffisent. Le binage, dont le rôle est surtout d'ameublir la couche superficielle du sol, se fait en avril et mai ; on en profite pour fumer les caféiers. Le sarclage, dont le but est de détruire les plantes adventives qui envahiraient la plantation et la détruiraient, est pratiqué avant la floraison, en septembre ; il est de toute nécessité qu'il soit fait, sinon ces mauvaises herbes, en prenant un grand accroissement, utiliseraient en pure perte l'engrais des caféiers, qui arriveraient à en manquer. Elles étoufferaient aussi, en accaparant l'air et la lumière, les jeunes plants qui deviendraient jaunâtres, se dessècheraient et mourraient.

Les binages maintiennent aussi une humidité constante dans le sol, en détruisant l'action capillaire et en empêchant l'eau des couches inférieures, où se trouvent les racines, de s'évaporer dans l'atmosphère.

Dès que les caféiers font assez d'ombre pour couvrir le sol, ils peuvent se passer de sarclages ; les herbes adventives, ayant besoin d'air et de lumière pour croître, disparaissent.

On doit se servir d'une houe à dents et prendre certaines

précautions pour ne pas attaquer le chevelu qui est à quelques centimètres de la surface du sol et qui y puise une partie de la nourriture qui forme le grain.

Quand le caféier a été mis en place à demeure, il n'a plus besoin d'être arrosé ; il se contente des pluies hivernales et l'irrigation n'est pas utile comme dans les pays de grande sécheresse.

On regarnit chaque année les plants qui ont manqué ou ceux qui sont morts. Lorsqu'un arbre a été cassé, on le scie à 25 centimètres au-dessus du sol ; il sort alors du tronc plusieurs branches gourmandes. Quand elles sont bien formées, on les supprime et on conserve les deux ou trois plus vigoureuses qui constituent un nouvel arbre. Trois ans après, ces branches donnent des fruits, mais elles se dessèchent au bout de quelques années et on les coupe les unes après les autres. Quand l'arbre est épuisé et que les engrais ne produisent plus d'effet, il vaut mieux l'arracher, car il devient, en se décomposant, un nid à insectes qui pourraient se propager sur les arbres voisins.

Dès la troisième année de la plantation, si l'on n'a pu le faire avant, il faut défoncer le terrain compris entre les trous à 0ᵐ,40 de profondeur pour permettre aux racines qui s'allongent de trouver un sol meuble, à moins que le terrain ne soit très incliné ; dans ce cas, on n'ameublirait pas le sol qui est entre les potets, dans la crainte d'un entraînement des particules par les eaux pluviales.

Il est bon de réunir au pied de l'arbre l'herbe arrachée qui, en se décomposant, lui donne de l'humus et de la fraîcheur, et empêche la terre de se couvrir de nouvelles plantes adventives à l'endroit où elle a été déposée.

Si on laissait envahir les jeunes caféiers par les herbes, pendant les premières années de croissance, la plantation serait compromise pour l'avenir.

Ainsi que nous l'avons dit, les terrains de coteaux de l'Émyrne doivent être fumés, sous peine de voir la récolte diminuer chaque année.

Nous avons vu comment on peut se procurer des engrais ; d'un autre côté, nous pouvons restituer au sol, soit seules, soit en les mélangeant avec un peu de chaux et en arrosant, ce qui en hâtera la décomposition, la pulpe et la parche qui contiennent à l'état sec et pour cent :

	PULPES	PARCHES
Azote	1,34	0,050
Acide phosphorique	0,114	0,142
Potasse	1,504	1,462

L'apport au sol de ces matières diminue dans des proportions assez fortes la dose d'engrais qu'on donne aux caféiers. Nous trouverons alors dans les fumiers que nous avons enrichis de cendre et de poudre d'os le complément de fumure à leur fournir. — Au Brésil, on utilise la pulpe et la parche comme combustible, et on les emploie comme engrais sous forme de cendre. En agissant ainsi, on perd l'azote contenu dans ces produits : il est détruit par la combustion.

Dans l'Emyrne, où nous ne manquons pas de combustible (tourbe, bois, herbe, etc...), nous croyons qu'il vaut mieux se servir des pulpes et des parches à l'état naturel.

Tous les trois ans, en avril et en mai, après la saison des pluies, au moment où la terre est facile à travailler, on fait une tranchée circulaire autour de l'arbre, à une distance telle que le chevelu ne puisse être atteint , et on enfouit les engrais en les recouvrant, pour qu'ils produisent leur effet.

En supposant un hectare de caféiers plantés à deux mètres de distance en tous sens, et tenant compte des arbres d'abri, nous avons par hectare 49 pieds $\times$ 49, soit 2,401 pieds.

Si chaque pied après la sixième année donne 750 grammes de café, nous obtenons une récolte de 1,800 kilos à l'hectare (1).

---

(1) Si nous adoptons le chiffre de 750 grammes de café par pied, c'est que nous estimons qu'il vaut mieux prendre un rendement élevé quand il s'agit de calculer les éléments fertilisants à fournir au sol. Dans certaines terres ce rendement sera peut-être atteint, et nous conseillons de toujours fumer au maximum.

D'autre part, l'analyse du café de l'Emyrne nous montre que chaque cent kilos de café marchand enlève au sol :

```
Azote.......................................  1 kil. 820
Acide phosphorique..........................  0  —  380
Potasse.....................................  1  —  950
```

Il faut donc théoriquement restituer au sol pour les 1,800 kilos de café, en admettant qu'on mette la pulpe et la parche au pied des caféiers :

```
Azote.......................................  32 kil. 41
Acide phosphorique..........................   6  —  84
Potasse.....................................  35  —  10
```

Mais comme les pluies entraînent les éléments solubles des engrais et qu'il y a d'autres pertes occasionnées par les différentes causes dont nous avons déjà parlé, il faut augmenter la quantité des éléments minéraux et doubler les proportions. Quant à l'azote, le caféier en puise une partie dans l'atmosphère, et nous croyons que le sol n'en réclame pas plus de la moitié de ce que les récoltes en absorbent.

A Ivato, où nous rendons à la terre les pulpes et les parches, et où nous opérons sur un terrain pauvre en azote, riche en potasse et où l'acide phosphorique manque, nous fumons avec notre engrais enrichi, de manière à fournir par hectare :

```
Azote.......................................  15 kilos.
Acide phosphorique..........................  25  —
Potasse.....................................  50  —
```

Taille.

Le caféier a trois sortes de branches :

1° Les branches verticales ou branches gourmandes qu'il émet autour du tronc. Elles doivent être supprimées chaque année. On les conserve quand on veut remplacer des grosses branches.

2° Les branches horizontales, ou branches à fruits qui sont opposées deux à deux et qui vont du tronc à la circonférence. On doit les couper lorsqu'elles sont épuisées, qu'elles nuisent aux branches supérieures ou qu'elles se recourbent vers la tige.

3° Les rameaux qui naissent sur les branches à fruits et qui portent aussi des grains. Ils forment souvent la patte d'oie ; dans ce cas on n'en laisse qu'un.

Lorsqu'ils ne donnent plus de fruits il faut les tailler. Ils peuvent remplacer les branches à fruits quand elles sont épuisées.

Le caféier se taille à plein vent ou à basse tige.

Dans les terres fortes et humides, où la végétation est très active, on emploie la première méthode qui consiste à couper les branches épuisées et les branches mortes ; on laisse alors trois à quatre tiges au caféier. Dans les terres sèches et battues par les vents, on taille à basse tige aussitôt après la récolte.

Dans l'Emyrne, où l'on ne trouvera pas d'abris pour les premiers caféiers qui seront plantés, la taille à basse tige est préférable. Si la végétation ne peut être maîtrisée, on supprimera plus tard une partie des caféiers pour laisser venir à plein vent ceux qui resteront.

La taille à basse tige, plus difficile à pratiquer que la taille à plein vent, se fait un peu comme celle du pêcher en espalier, et chaque année on écime l'arbre afin que le soleil puisse bien circuler dans les branches.

On ne lui laisse jamais atteindre plus de 1^m,50 environ de hauteur. A cet effet, on enlève les branches gourmandes supérieures en les tordant entre le pouce et l'index.

Avec ce système, la cueillette est plus facile et beaucoup plus économique ; on risque moins de casser les branches et on n'a pas besoin d'échelle pour faire la récolte.

Lorsque le caféier pousse trop vigoureusement des branches à bois, il est bon de couper quelques racines, mais il faut agir avec une grande prudence. Quand il a porté trop de fruits, on taille les rameaux à fruits, pour le forcer à donner des branches à bois.

Végétation.

La végétation des caféiers ne se comporte pas également sous tous les climats. Dans Madagascar les conditions de température et de pluie sont différentes de la côte à l'intérieur. Elles sont même modifiées dans la région moyenne Est, où près de la forêt il pleut en juillet et août, au moment de la récolte, tandis que, dans l'Émyrne, on est en pleine sécheresse pendant ces deux mois ; nous nous bornerons donc à indiquer ce qui se passe dans la région centrale.

1° Le café est semé en août et septembre.

2° Il est placé en pépinière d'attente en décembre de la même année.

3° Il est mis en place, après une année de pépinière d'attente, c'est-à-dire en décembre de la deuxième année.

Nous avons indiqué au chapitre « Pépinières » toutes les phases de sa végétation jusqu'à cette époque.

4° De décembre au mois de septembre de l'année suivante, le caféier se développe. Il ne subit presque pas d'arrêt dans sa croissance ; il pousse même des feuilles pendant la saison sèche, mais son accroissement est moindre.

5° En septembre, les plus beaux pieds fleurissent et donnent quelques grains en août suivant, trois ans après le semis.

Nous avons vu des caféiers produisant des fruits deux ans après leur semis ; il faut enlever ces premières fleurs qui nuiraient à leur rendement futur.

Immédiatement après cette fructification, le café refleurit à nouveau ; on observe même sur certains arbres des fleurs avant que les grains soient complètement enlevés.

Cette récolte, la première commençant à compter, a lieu quatre ans après les semis.

Des pluies continues, une sécheresse trop grande, ou des vents violents, sont désastreux à cette époque ; ils font tomber la fleur ou couler le grain.

La récolte se fait chaque année pendant les mois de juillet, août et septembre.

La floraison des caféiers qui donnent des fruits pour la première fois a lieu près d'un mois avant celle des autres caféiers.

Il serait intéressant de connaître la marche progressive des éléments nutritifs de la plante, dans la tige et les fruits du caféier à différentes périodes de la végétation ; cela nous permettrait de savoir plus exactement quelle est la quantité d'azote, d'acide phosphorique et de potasse qui est nécessaire à sa vie, car, dans cette migration des principes immédiats d'un point du végétal à l'autre, toutes les plantes absorbent pendant une période de leur existence plus d'éléments nutritifs qu'elles n'en contiennent à la maturité. La différence est rejetée par les racines. Nous ne connaissons encore aucune étude faite sur ce sujet.

DURÉE D'UNE PLANTATION

Une plantation de café a une durée variable suivant les climats et les sols.

Dans certains pays, le caféier vit jusqu'à soixante ans. Aux environs de la capitale, nous avons vu de petites plantations faites par les Malgaches qui ont une trentaine d'années.

Dans notre jardin de Tananarive, des pieds plantés il y a quarante et un ans par M. Laborde, qui n'ont été ni travaillés ni fumés, ni taillés depuis bien longtemps, sont encore vigoureux. Un de ces arbres, qui n'est pas ombragé, donne encore cinq kilos de café; les autres ont un rendement moindre, mais, depuis neuf ans que nous les observons, ils n'ont reçu aucun soin, et il en est certainement ainsi depuis la mort de M. Laborde, et peut-être avant.

Il n'est pas rare de rencontrer dans la région centrale des arbres aussi âgés que ceux dont nous parlons. Un fait à noter, c'est que toutes les petites plantations entourant les villages, où d'ailleurs on a l'habitude de planter le café, sont magnifiques; les branches plient sous le poids des fruits et on est même souvent obligé de les étayer. A quoi peut-on attribuer ces récoltes splendides, si ce n'est aux fumures provenant des fumiers et des balayures des maisons avoisinantes? A notre avis, si l'on veut cultiver sur une grande échelle le café dans ce pays, il s'agit simplement de reproduire en plus grand ce qui se passe pour quelques centaines de pieds.

Dans l'Emyrne, où le bœuf est à vil prix, où il existe de

grands troupeaux et des pâturages très étendus, quoiqu'ils ne soient pas très bons, on peut produire beaucoup de fumier, avoir de la chaux, des cendres, des os, des laines, poils, plumes, etc..., et se placer alors dans les mêmes conditions.

Nous avons vu à Anzoma Analaroa, et au nord de Tananarive, quelques petites plantations éloignées des villages, qui avaient une vingtaine d'années d'existence ; quoique recevant peu de soins, la récolte était abondante.

En résumé, il est encore impossible de fixer la durée d'une grande plantation sur le plateau central ; nous espérons que dans les bons terrains, bien travaillés et bien fumés, avec des arbres entretenus, on doit arriver à rendre normale la période d'évolution vitale du caféier.

RÉCOLTE ET RENDEMENT

Nous venons de voir que le caféier produisait quelques graines dès la troisième année après le semis, mais nous considérons que c'est une quantité si peu importante qu'elle doit être négligée.

Dès la quatrième année, nos premiers caféiers plantés nous ont donné à Ivato une récolte de 250 grammes en moyenne par pied. Dans le nombre quelques-uns avaient près d'une livre et d'autres 100 grammes seulement. Mais, pour être sûr de ne rien exagérer, nous établirons nos tableaux de dépenses et de recettes sur un rendement de 150 grammes par pied.

Les événements nous ont forcé de quitter l'île au moment où les caféiers de cinq ans étaient en fleurs et où ils allaient donner leur troisième récolte ; en comptant les grains qui étaient déjà formés sur les caféiers, on pouvait tabler sur une production d'une livre en moyenne par pied. Néaumoins, nous calculerons sur 250 grammes seulement.

A la sixième année, le caféier est en plein rapport, et, si nous en jugeons par des arbres du même âge que nous avons vus, on peut espérer obtenir, dans une plantation bien entretenue et bien fumée, un rendement de 750 grammes qui se continuera pendant la durée de la plantation. Mais, par mesure de précaution, il vaut mieux prévoir un rendement moyen de 500 grammes par pied et c'est sur ce chiffre que nous établirons nos calculs.

Comme pour les arbres fruitiers en France, quand le

caféier produit une récolte abondante, elle est plus faible l'année suivante. En un mot, on n'a un rendement fort que tous les deux ans.

Les fruits ne mûrissent pas en même temps et la cueillette dure environ trois mois.

Plusieurs moyens sont employés pour faire la récolte du café. En Arabie, où les arbres ne sont pas soumis à la taille et prennent tout leur développement, on les secoue quand les fruits sont murs, et les baies sont recueillies sur des toiles étendues à cet effet au pied des arbres. Comme toutes les baies ne mûrissent pas en même temps, on recommence l'opération au fur et à mesure qu'il y a une certaine quantité de fruits mûrs. Dans l'Emyrne où nous étêtons le caféier, cette opération est impraticable pour différentes raisons.

Dans quelques pays où il existe de grandes plantations, on emploie un procédé de cueillette qui doit être condamné. Les ouvriers ayant une corbeille attachée à la ceinture, prennent de la main gauche l'extrémité de chaque branche de café et en passant la branche, de la base au sommet entre le pouce et l'index de la main droite, ils font tomber tous les fruits dans cette corbeille. En s'y prenant de cette façon, comme tous les grains ne mûrissent pas en même temps, on récolte des fruits à divers degrés de maturité; quelques-uns sont même encore verts. Dans ces conditions, le café recueilli est forcément de mauvaise qualité.

Cette méthode occasionne aussi des cassures de branches ou des déchirures de l'écorce aux endroits où se trouvent les grains verts qui adhèrent fortement aux branches, et l'arbre arrive vite à sa perte. De plus, on arrache les pédoncules qui supportent le grain et la récolte de l'année suivante est compromise. La floraison commençant pendant que le fruit est encore sur l'arbre, on détruit les fleurs et les nouvelles graines qui ont déjà noué.

Le procédé le plus recommandable est celui où l'on fait la cueillette grain par grain, au fur et à mesure de la maturité.

Le Malgache, dans le but d'économiser le temps, et dans la crainte, peut-être, d'être volé, récolte son café dès que les premières cerises sont mûres, bien que la plus grande partie des grains soient encore verts. Le produit est alors de qualité très inférieure; aussi le café de Madagascar, qui a été expédié en France depuis quelques années, ne peut donner une idée juste de ce qu'il sera quand on le récoltera dans des conditions normales. On pourra le classer, croyons-nous, dans les cafés complets doux : c'est-à-dire joignant l'arome au velouté, tout en ayant une certaine vigueur. Néanmoins, le velouté l'emporte sur l'arome. Suivant les expositions et les terrains, ses qualités pourront être modifiées, car les cafés comme les vins, prennent le goût de terroir, mais le fond de sa nature sera toujours le même. Il peut être employé seul, mais il vaut mieux le mélanger à un café très aromatique comme le moka, pour obtenir un breuvage de qualité supérieure. Le café doit être conservé dans des endroits bien secs; il s'améliore et se bonifie en vieillissant.

Il est assez difficile d'établir le prix de revient d'une propriété exploitée en régie : cela dépend de bien des conditions. D'après nos calculs, on peut compter sur une dépense de 90 centimes à 1 franc pour mener un caféier à sa quatrième année, au moment où il commence à produire; et cela pour une plantation de deux cent mille pieds et au-dessus.

Sur	1 franc	de 150 à 200,000	pieds	
—	1 fr. 15	de 100 à 150,000	—	
—	1 fr. 20	de 50 à 100,000	—	
—	1 fr. 25	de 50,000	—	et au-dessous

Les frais de régie et une partie des frais généraux sont les mêmes pour 200,000 pieds que pour 50,000; c'est ce qui augmente le prix de revient du caféier.

Nous croyons en outre qu'un capital minimum de 40,000 francs est nécessaire pour créer une caféière dans l'Emyrne.

Le café est vendu à Tananarive, suivant les époques, de

1 fr. 60 à 2 fr. 25 le kilo. Nous adopterons dans nos calculs, le prix moyen de 1 fr. 75 le kilo.

Il nous reste à déterminer quels sont les frais de création de la caféière, les frais généraux d'entretien et de récolte; nous terminerons par les recettes et les bénéfices.

FRAIS D'ÉTABLISSEMENT
ET D'EXPLOITATION D'UNE CAFÉIÈRE

Établissons d'abord les frais de culture et d'entretien, par hectare, jusqu'à la quatrième année, en admettant qu'on achète les engrais.

Ces prix seront modifiés selon la main-d'œuvre et la distance plus ou moins grande des lieux où on se procurera les engrais.

Prix de revient de culture à l'hectare.

	FRANCS
2,500 trous de 1 m. 20 en tous sens, soit $1^{m3},728$ par trou à 0 fr. 10 l'un....................................	250 00
Fumier, 20 kilos par trou, soit 50,000 kilos à 4 francs les 1,000 kilos (1)...................................	200 00
2,401 caféiers à 0 fr. 02 l'un...........................	48 00
99 arbres d'abri à 0 fr. 05 l'un.........................	4 95
Comblage des trous, et mélange de la terre avec l'engrais..	60 00
Plantation et transport des jeunes plants................	40 00
Couverture et frais de pose.............................	40 00
Chemins, plantation d'arbres en bordure des chemins, divers et imprévus....................................	70 00
Entretien de la plantation et frais généraux jusqu'au début de la quatrième année................................	320 00
Total............	1,032 95

Le coût de culture d'un hectare serait donc à la quatrième année de 1,032 fr. 95 ou 0 fr. 43 par pied de café.

(1) Le prix d'achat du fumier rendu sur place, est d'environ 4 francs les 1,000 kilos; mais en le produisant soi-même avec un troupeau de bœufs et n'achetant que quelques engrais complémentaires, son prix de revient n'excède pas 1 franc les 1,000 kilos, ce qui fait une différence de 150 francs à l'hectare.

Avec ce chiffre, on peut calculer le prix d'une plantation de 200,000 pieds, en supposant que le prix d'achat du terrain soit de 10 francs l'hectare (1).

On plante 2,400 pieds de café à l'hectare, ce qui exige pour une plantation de cette importance une superficie de 100 hectares environ, en tenant compte des allées ; mais on doit y adjoindre les terrains nécessaires pour la nourriture des bœufs lorsqu'on veut produire son engrais. Ces terrains doivent être assez étendus pour que les animaux puissent y vivre, ainsi que nous l'avons déjà expliqué.

Il faut aussi tenir compte du jardin potager, de l'emplacement pour sécher le café, des habitations, écuries, remises, magasins, hangars, bâtiments divers, rizières et terres pour récolter la nourriture des travailleurs, etc. D'où la nécessité d'acheter 400 hectares environ.

Prix de revient pour 200.000 pieds à la quatrième année.

	FRANCS
Achat de terrains : 400 hectares à 10 fr. l'hectare............	4.000
Frais de culture : 200,000 pieds de café à 0 fr. 43 l'un......	86.000
Direction en régie pendant 3 ans.....................	18.000
Bâtiments divers et séchoirs...............................	25.000
Machines à préparer le café et instruments de culture.....	20.000
Intérêt du capital à 10 0/0 pendant 3 ans, les dépenses ne s'effectuant que successivement...................	39.060
	192.060

Nous croyons utile d'indiquer dans le tableau suivant quels sont les capitaux à engager pendant les trois premières années pour la création d'une caféière de 200,000 pieds, en supposant qu'on puisse terminer la plantation dès la première année, ce qui semble improbable avec les moyens dont on dispose actuellement à Madagascar.

Dans ce tableau, nous ne tiendrons pas compte de l'intérêt du capital.

(1) On ne peut encore indiquer quel sera le prix des terrains.

	ACHAT DE TERRAINS	CULTURE	RÉGIE	BATIMENTS	MACHINES ET INSTRUMENTS	TOTAUX
1re année ..	4.000	65.000	6.000	15.000	5.000	95.000
2e » ..	....	10.500	6.000	....	....	16.500
3e » ..	....	10.500	6.000	10.000	15.000	41.500
Totaux ...	4.000	86.000	18.000	25.000	20.000	153.000

A ce chiffre de 153,000 francs, nous devons ajouter une somme de 50,000 francs environ qu'il faut avancer à la production. Ce capital de roulement ou capital circulant sera utilisé pour faire face aux dépenses de la quatrième année et à celles du commencement de la cinquième, car la première récolte de café a lieu à la fin de la quatrième année et elle n'est vendue que pendant le cours de la cinquième année, ce qui porte le capital dont on doit disposer pour faire une plantation de 200,000 pieds de café à 200,000 francs environ.

Dépenses à la quatrième année.

	FRANCS
Entretien de la plantation et frais généraux	10.500
Cueillette de 30,000 kilos de café	1.140
Préparation et conditionnement de 30,000 kilos de café à 30 fr. les 100 kilos (1)	9.000
Amortissement du matériel et réparations	2.000
Amortissement des immeubles et réparations, en 30 ans...	1.500
Intérêt du capital de création	19.200
Direction en régie	6.000
Total	49.340

(1) Notre première récolte a été conditionnée à la main, nous ne nous sommes pas encore servis de machines, et par conséquent, nous n'avons pu établir les frais de préparation du café. Nous avons adopté le prix de 30 francs les 100 kilos, un peu inférieur à celui donné par Marcano pour une caféière au Mexique ; mais nous estimons que ce chiffre est de beaucoup trop élevé, en raison du bon marché de la main-d'œuvre à Madagascar, très inférieure à celle du Mexique.

Recettes à la quatrième année.

	FRANCS
0 k. 150 grammes de café par plant, soit 30,000 kilos à 1 fr. 75 le kilo	52.500
A déduire : Dépenses	49.340
Bénéfice net	3.160

Dépenses à la cinquième année.

	FRANCS
Entretien de la plantation et frais généraux	10.500
Cueillette de 50,000 kilos de café	1.900
Préparation et conditionnement de 50,000 kilos de café à 30 fr. les 100 kilos	15.000
Amortissement du matériel et réparations	2.000
Amortissement des immeubles et réparations en 30 ans	1.500
Intérêt du capital de création	19.200
Direction en régie	6.000
Total	56.100

Recettes à la cinquième année.

	FRANCS
0 k. 250 grammes de café par plant, soit 50,000 kilos à 1 fr. 75 le kilo	87.500
A déduire : Dépenses	56.100
Bénéfice net	31.400

Soit 16 p. 100 du capital de création.

Dépenses à la sixième année et suivantes.

	FRANCS
Entretien de la plantation et frais généraux	10.500
Cueillette de 100,000 kilos de café	3.800
Préparation et conditionnement de 100,000 kilos à 30 fr. les 100 kilos	30.000
Amortissement du matériel et réparations	2.000
Amortissement des immeubles et réparations en 30 ans	1.500
Intérêt du capital de création	19.200
Direction en régie	6.000
Fumures, environ	6.000
Total	79.000

Recettes à la sixième année et suivantes.

	FRANCS
0 k. 500 grammes de café par plant, soit 100,000 kilos à 1 fr. 75 le kilo..........................	175.000
A déduire : Dépenses..........................	79.000
Bénéfice net..........	96.000

Soit 50 p. 100 du capital de création.

Nous avons négligé dans ces comptes de recettes et de dépenses de faire figurer l'intérêt du capital circulant ou de roulement, employé chaque année, et qui doit être avancé à la production en attendant la vente du café. Ces dépenses ayant lieu au commencement et dans le courant de l'année, et même après la récolte, il nous était très difficile d'établir ce calcul d'une façon précise ; nous avons adopté un intérêt de 10 0/0 pour le capital de création qui compense largement l'intérêt du capital circulant.

PRÉPARATION DU CAFÉ

Quand le café est mûr et qu'il est récolté, il faut le préparer pour le rendre marchand et le conserver (1).

Nous ne donnerons que peu de détails sur les machines employées pour la préparation du café, n'ayant pas encore pu juger par nous-mêmes celles qui donnent le meilleur résultat.

Le café peut être décortiqué à l'état sec et à l'état vert.

Sur le plateau central, les grains de café mûrissent pendant la période où les pluies ne sont pas à redouter ; on peut donc faire sécher le café en plein air, sans avoir besoin de l'étuver. La décortication à l'état sec produit le café le plus aromatique.

Le grain, en complétant sa maturité dans sa coque, développe son parfum.

Dans l'Emyrne, il faut de douze à quinze jours pour faire sécher le café entouré de sa pulpe. Quand il est sec, on le soumet au pilonnage dans un mortier dont le pilon ne doit pas atteindre le fond pour éviter le plus possible de casser le grain, et on opère ensuite ainsi que nous allons le voir dans le travail par voie humide.

Quand la récolte vient du champ, on la lance dans un réservoir plein d'eau, de manière à séparer les grains rouges des grains noirs qui sont déjà secs et qui existent dans toutes les plantations, même les mieux entretenues. Les

(1) Une femme peut cueillir en un jour 50 kilos de café en pulpe, ce qui représente 12 kilos de café marchand.

grains rouges vont au fond du bassin et les noirs surnagent. Ces derniers doivent être mis dans une autre cuve et y séjourner vingt-quatre heures environ pour amollir la pulpe qui est desséchée, et qu'on traite ensuite comme les baies rouges. Le café provenant de ces grains est de qualité inférieure ; on en fait un produit de deuxième marque.

Les baies passent ensuite dans un dépulpeur (il en existe plusieurs systèmes) pour séparer les grains de la pulpe ; puis on les jette ainsi débarrassés de leur drupe dans un réservoir d'eau courante, où ils séjournent de vingt-quatre à quarante-huit heures pour leur enlever la matière mucilagineuse et gommeuse qui les enveloppe. On retire alors les grains légers et de mauvaise qualité qui restent à la surface de l'eau. Une fois égouttés, on les étend sur des glacis en pierres, en briques, ou en nattes quand on opère sur de petites quantités. Ils peuvent au besoin y passer la nuit, en ayant soin de les couvrir de nattes pour les préserver de la rosée.

Au bout de cinq à six jours, lorsqu'il éclate sous la dent, le café est sec. Le grain ballotte dans la parche par suite du retrait occasionné par la dessiccation.

Il ne faut pas presser cette opération, surtout les premiers jours, tant que la parche n'est pas sèche. Un soleil trop ardent la ferait éclater, le grain se décolorerait et perdrait de sa valeur.

On le soumet alors au pilonnage dans un mortier, pour le séparer de la parche.

Quand on opère avec des pilons à bras, on ne peut enlever la pellicule adhérente au grain, ce qui n'a pas lieu lorsqu'on se sert de pilons garnis de fonte actionnés par un moteur.

Dans cet état, le café a besoin d'être nettoyé, trié, et épierré.

Le nettoyage s'opère à l'aide d'une machine à vanner qui élimine les poussières, les parches et les pellicules. On trie alors les grains au moyen d'un crible qui les classe et qui sépare ceux qui sont brisés.

Les grains mauvais, rouges, noirs ou blancs, sont enlevés à la main. Il se trouve toujours quelques petites pierres dans le café ; on les sépare à l'aide d'un épierreur.

Depuis plusieurs années on a employé des procédés nouveaux pourpréparer le café : on se sert de machines spéciales construites en Europe et en Amérique qui permettent de traiter par voie sèche ou voie humide. On a même créé des usines centrales de décortication où on livre le café desséché avec sa parche et simplement dépulpé.

Pour avoir des renseignements sur les machines nouvelles en usage dans les différents pays producteurs de café, nous engageons nos lecteurs à se reporter au livre de M. E. Raoul sur la culture du caféier.

MALADIES

Nos expériences pendant notre séjour à Madagascar nous ont démontré que le café y réussit assez bien et qu'il donne de beaux rendements ; nous pourrions déjà en conclure que cette île peut devenir un pays de production de café, si nous savions quel sera l'effet occasionné par les maladies qui peuvent atteindre cet arbuste.

Avant la guerre de 1883 on avait planté sur le littoral du café de Bourbon qui aurait été détruit après la première année de récolte par l'Hemileia vastatrix. Aussi les nouveaux planteurs de la côte ont-ils abandonné la culture de cette espèce pour celle du café Liberia, lequel, quoique atteint par ce redoutable fléau, offre plus de résistance. C'est un arbre beaucoup plus grand, dont les grains sont plus gros et les feuilles plus larges, mais qui ne peut rivaliser comme qualité avec le type Bourbon cultivé dans l'Emyrne. Des essais sont tentés actuellement sur différents points du littoral. Espérons qu'ils réussiront.

Jusqu'à ce jour, nous n'avons constaté que trois maladies s'attaquant spécialement aux feuilles ou aux jeunes pousses.

C'est d'abord un puceron blanc recouvert de poils cotonneux. Il s'attache plus spécialement aux jeunes tiges et à l'aisselle des feuilles. Il suce la substance végétale, arrête la végétation et fait périr la plante. Les arbres les plus vigoureux n'en sont pas indemnes.

Il faut alors enlever à la main tous ces insectes, qui ont la taille et la forme un peu aplatie d'une petite punaise, et seringuer l'arbre avec une infusion de tabac et de savon qui les détruit. Ces pucerons apparaissent au commencement de la saison des pluies.

On rencontre aussi, mais plus rarement, un puceron noir, qu'une aspersion d'eau de tabac suffit à faire disparaître.

La troisième maladie, qu'on appelle « le rouge » à Madagascar, est attribuée par certaines personnes à l'Hemileia vastatrix ; nous ne le croyons pas. L'Hemileia vastatrix est un champignon, tandis que nous avons affaire à un petit ver, qu'on aperçoit à l'œil nu. En avril, on observe sur la feuille du caféier une petite tache blanche, translucide, ordinairement ronde, qui, au bout de quelques jours, atteint trois à quatre millimètres de diamètre. A ce moment, on aperçoit sur la face inférieure de la feuille une poussière d'un blanc jaunâtre recouvrant la tache. Si l'on examine de plus près, on peut alors distinguer, en son milieu, ce petit ver qui a environ un millimètre de longueur.

Un mois après l'apparition des taches blanches, la poussière qui les recouvre est devenue orangée pour passer enfin au noirâtre quand la feuille se dessèche. La tache est alors entourée d'une nervure. La feuille tombe quelques semaines après, sept ou huit mois avant l'époque où elle devait abandonner le caféier, au moment où le fruit a besoin de soleil pour arriver à la maturité.

L'Hemileia vastatrix produit à peu près les mêmes effets sur les feuilles.

Depuis neuf ans que nous étudions la culture du café, nous avons remarqué que presque tous les caféiers de l'Emyrne sont attaqués. Depuis combien de temps l'étaient-ils avant notre arrivée dans le pays, nous l'ignorons ; mais ce qui est intéressant à noter, c'est qu'ils n'en continuent pas moins à vivre, à se développer et à donner des fruits, tandis que, s'ils avaient été pris par l'Hemileia vastatrix, presque tous les caféiers seraient déjà morts.

Chaque année, en avril, vers la fin de la saison des pluies, le mal apparaît ; en juin, tout a disparu ; les feuilles tombent, mais l'arbre conserve toutes celles des sommets des branches qui ont poussé depuis le mois d'avril, et, quelques mois après, il s'est regarni.

Traitement.

Nous avons cherché à traiter cette maladie et nous avons fait dans ce but différents essais. Les aspersions au jus de tabac n'ont donné aucun résultat. Nous avons alors expérimenté une bouillie cuivrique sur un certain nombre de plants de café que nous considérions comme les plus atteints. En avril, les pieds ont été aspergés au moyen du pulvérisateur Pilter. Quelques jours après, les feuilles qui avaient un peu jauni commençaient à reverdir et les arbres traités se distinguaient déjà de ceux qui n'avaient subi aucun traitement ; au moment où ceux-ci ont perdu leurs feuilles, ceux-là les ont conservées et en août ils étaient très vigoureux, complètement verts et très feuillus. Ces arbres avaient quatre ans ; ils nous ont donné plus d'une livre de café par pied et annonçaient une magnifique floraison.

Nous ignorons l'effet produit par ce traitement sur des arbres plus vigoureux ; nous espérons, si la maladie se développait, qu'avec ce remède on pourrait l'enrayer ; mais nos expériences ne sont pas assez nombreuses pour que nous puissions formuler notre opinion d'une manière décisive ; bien que les pulvérisations aient été faites à un mauvais moment, les arbres étant déjà trop atteints, elle a néanmoins donné un bon résultat. Nous croyons que le traitement doit être préventif, comme pour la vigne et les pommes de terre en France, et qu'il faudrait faire deux pulvérisations : l'une en septembre avant les premières pluies, l'autre en novembre avant la floraison.

Il y a plusieurs manières de préparer la bouillie cuivrique;
nous allons donner la formule de celle dont nous nous sommes
servis et que nous recommandons plus spécialement : c'est
une bouillie cuprocalcaire sucrée, mais en n'employant qu'une
petite quantité de chaux, car M. Aimé Girard a démontré
que la chaux à forte dose empêchait l'adhérence aux feuilles ;
on combat aussi ce manque d'adhérence par l'adjonction d'une
matière sirupeuse, telle que la mélasse de canne à sucre. A
Tananarive, où il n'existe pas de fabrique de sucre, on n'a
pas de mélasse à sa disposition; on peut la remplacer par le
jus de canne ou vesou.

Formule.

Eau	100 litres.
Sulfate de cuivre	0 k. 300
Vesou	0 k. 500
Chaux	0 k. 300

Pour préparer cette bouillie on dissout d'abord, d'une part
les 500 grammes de vesou, puis les 300 grammes de sulfate de
cuivre; d'une autre part, on éteint la chaux et on la délaye dans
5 litres d'eau, de façon qu'elle soit bien homogène. Quand on
a bien malaxé les deux mélanges et que la dissolution du
sulfate de cuivre est complète, on verse le lait de chaux dans
la solution de sulfate de cuivre (ne pas verser la liqueur cuivrique dans le lait de chaux) et on brasse fortement la bouillie
qui se forme et qui est d'un bleu clair ; on peut chauffer l'eau
pour activer la dissolution du sulfate de cuivre, mais il est
plus simple de mettre ce sel dans une petite corbeille ou dans
un sac, et de le suspendre au-dessus de la barrique, en le
faisant plonger dans le liquide.

Chaque fois qu'on se sert de cette liqueur, il faut la remuer
pour mélanger à la masse liquide le dépôt qui se forme toujours quand on ne l'agite plus.

C'est dans cet état qu'elle est versée dans le pulvérisateur.

Nous avons employé deux litres de cette bouillie par caféier, ce qui ferait environ 48 hectolitres à l'hectare.

On peut augmenter les doses de sulfate de cuivre et de chaux si les caféiers sont très atteints par la maladie, et adopter alors la formule suivante :

Eau...................................	100 litres.
Sulfate de cuivre.......................	2 kilos.
Vesou.................................	0 kil. 500.
Chaux.................................	1 kilo.

Ces proportions ne doivent jamais être dépassées. Ce traitement augmente les frais généraux d'exploitation et doit être porté chaque année en dépenses, ce qui diminue d'autant le bénéfice net annuel.

Au prix actuel des matières premières, des transports et de la main-d'œuvre, les frais de sulfatage peuvent être évalués à une quarantaine de francs environ à l'hectare.

TABLE DES MATIÈRES

IMPRIMERIE LEMALE ET Cⁱᵉ, HAVRE

www.ingramcontent.com/pod-product-compliance
Lightning Source LLC
LaVergne TN
LVHW020840200726
843508LV00003B/1005